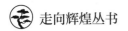
走向辉煌丛书

ZOUXIANG HUIHUANG CONGSHU
CHENGGONG DE ZIBEN

成功的资本

———————— 本书编写组◎编 ————————

　　怎样走向成功？成功的要素有哪些？有理想的读者都会思考这样的问题。为此，我们希望用大师们自己的成功实例和经验，帮助读者朋友塑造自己，一步步走向成功之路，成为人生的赢家。

世界图书出版公司
广州·北京·上海·西安

图书在版编目（CIP）数据

成功的资本/《成功的资本》编写组编. —广州：广东
世界图书出版公司，2009.11（2024.2 重印）
ISBN 978 – 7 –5100 –1249 –5

Ⅰ. 成… Ⅱ. 成… Ⅲ. 成功心理学 –青少年读物 Ⅳ.
B848.4 –49

中国版本图书馆 CIP 数据核字（2009）第 204792 号

书　　名	成功的资本	
	CHENGGONG DE ZIBEN	
编　　者	《成功的资本》编写组	
责任编辑	贺莎莎	
装帧设计	三棵树设计工作组	
出版发行	世界图书出版有限公司　世界图书出版广东有限公司	
地　　址	广州市海珠区新港西路大江冲 25 号	
邮　　编	510300	
电　　话	020–84452179	
网　　址	http://www.gdst.com.cn	
邮　　箱	wpc_gdst@163.com	
经　　销	新华书店	
印　　刷	唐山富达印务有限公司	
开　　本	787mm × 1092mm　1/16	
印　　张	13.75	
字　　数	160 千字	
版　　次	2009 年 11 月第 1 版　2024 年 2 月第 10 次印刷	
国际书号	ISBN　978-7-5100-1249-5	
定　　价	49.80 元	

成功始于对思想的控制和个性的培养

《成功的资本》一书是被称为"积极思想之父"的美国著名心理励志作家诺曼·文森特·皮尔博士的第24本著作。自出版以来，轰动一时，备受全世界人们的推崇，是继皮尔博士的代表作《积极思想的力量》之后，又一部销售量达千万的力作，被美国评论界誉为"重振美国人的信心，是这个时代最有价值的一本书"。美国第31任总统赫伯特·胡佛说："这本书使我的心灵充满了力量与宁静，使我的才智与能力得到了完全的发挥。"本书不但使当时社会日渐衰退的精神文明展现了新的契机，而且为现代人萎靡颓废的心注入了划时代的新鲜血液。虽然本书自出版到现在已历经数十年，但是皮尔博士在书中给我们的忠告的价值是永恒的。

皮尔博士曾经说过："积极的思想真的可以改变你的一生。我知道这句话说得有些大胆、自夸。但我从读者的千万封来信中得知，这一真理已经在他们身上得到了验证。我也坚信，无论社会发展到什么样的地步，积极思想还将继续发挥着它巨大的力量，因为它是我们人类与生俱来的力量。

"上帝为我们每个人都拟订了一个伟大的计划，而我们每个人都有能力去完成这个伟大的计划，这股力量就蕴藏在我们的身体之中，蕴藏在我们的才能、勇气、坚韧、决心和品格当中。我们无须到外界去寻找力量，请记住，当你抬头仰望天空中的星星时，绝不要忘记在屋子里燃烧的蜡烛。我们自己就是待燃的火把，勇敢地去发掘这股可以创造人生奇迹的力量吧。借助积极思想的力量，你将发现一种全新的思考与生活方式，它能让你在人生的道路上不可阻挡，并勇往直前。

"积极思想的力量永远值得你去信赖，去实践，把它应用到你的生活中去，我相信它既然对别人有益，那么它同样也会对你产生效果。最后我想告诉你，千万别对生活失去信心或感到沮丧，永远不要对挫折低头，不要失去你的热情，任何困难都有解决的办法，积极的思想和坚韧不拔的个性永远都会让你有所收获。

　　"请相信我的话：奇迹并不特属于哪一类人，它只属于那些愿意选择奇迹在他们身上发生的平凡人。"

　　皮尔博士在本书中着重强调，成功的生活源自于人对自己思想的控制和对自己个性的塑造。上天为我们每一个人都创造了一条充满机会的大道，并赋予我们巨大的力量，鼓励我们去从事伟大的事业。每个人都是智慧与力量的化身，是自己思想的主人、个性的塑造者、美好生活的建造者。成功的秘诀就是如何使自己成为一个聪明的主人，而不是一个错误地管理自己"资产"的蠢主人。只要他能积极地控制自己的思想，并能不断地发掘自身的内在力量，塑造出坚韧不拔的个性，就能走向成功。因为没有哪一个认识到并合理地运用自己资产的人会成为无用之辈，也没有哪一个天才在错误地运用自己资产后能够逃脱平庸的命运！

　　本书论证了个性是一种储能巨大的资源，它充满了内在的力量和难以描摹的魅力。皮尔告诉我们，人的性格是可以改变的，成功者总是在生活的磨炼中去掉其消极因素，保持并发扬了其积极的一面，他们总是能够通过积极的思想，自发自觉地调动其个性的力量，从而一步步走向成功。皮尔经常和大发明家爱迪生的太太一起来讨论爱迪生的个性，他太太说爱迪生是属于大自然的人，因为他总是能够很轻松地做到自我调节，始终保持情绪稳定的状态，那些消极的东西从来就没有侵蚀过他的思想，这使他不断地克服困难，并不断地超越了自己的成功。

　　皮尔博士还告诉我们，对任何事情充满热情也是塑造成功个性必不可少的因素。有许多读者写信给皮尔博士，称赞本书使他们"无论在工作上还是生活上，都获得了一种精神上的升华"，并且对他们所从事的工作"充满热情和兴趣"。但无论哪一位读者，在遭遇困难和挫折的时候，都无法长久地保持这种兴奋鼓舞的心情，沮丧的感觉往往消耗了他们高昂的情绪，觉得自己好像泄了气的皮球，情绪低落到了极点。皮尔博士在本书中强调，人可以借由对思想的控制，主动去接受那些积极的思想，来维持这种高昂的情绪，从而塑造一个成功的个性。

皮尔博士一生都在发扬积极思想的精神，他和那些著名的励志作家一样坚信，对生活抱持一种积极肯定的态度，对自己充满信心，相信美好的事情必然发生，这种虔诚的信念一定会引领你越过重重障碍，克服种种困难，在一片灰暗之中，重燃希望的火光。

看完这本书，你就会明白谁能决定你快乐或者不快乐。正如一位可爱的老人接受采访被问："您为什么这么快乐，一定有什么了不起的幸福秘诀？"老人家回答说："不，我没有什么秘诀，只不过是因为我自己选择快乐，就像脸上长了鼻子一样简单。"幸福快乐对于你来说也是很容易获得的，只要你愿意选择幸福和快乐！

编　者

目　录

第一章

一生的成就始于积极的思想

> 在宇宙中唯有一个角落，是你一定可以改进的——那就是你自己。
>
> ——赫胥黎

> 在所有的关于灵魂的美好真相中，最令人感到欣慰、充满希望与信心的，莫过于——人是思想的主人，是人格的塑造者，是成功与命运的塑造者。

幻想你正坐在一家戏院里，望着幕布，等待着电影的上演。

这部电影将和你发生什么关系？它将如何影响你？它将对你的生活产生怎样的影响？

你是否会大受感动——甚至痛哭流涕？你是对着一部喜剧哈哈大笑，还是被片中的女主角所面临的危机吓坏了？你是否将感受到无比美妙的爱与热

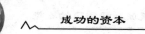

情——或是感受到无比的怨恨？所有这些感觉都将在你体内流过——而且源源不绝。你将看到的这部电影，所描述的是世界上最奇妙的一个人——你自己。

在这个戏院里——这个戏院就是我们每个人的头脑与内心——你本人身兼导演、制片、编剧、男女主角、英雄好汉以及大坏蛋等角色。你也是这部电影的技术人员——更是观赏这部紧张刺激的影片的热心观众。

这部影片上演的精彩故事，就是从你的生活中的每一分每一秒中编演出来的——包括了昨天和明天的故事，但是其中最重要的是现在。

你一面望着那个银幕上的影像，一面在那银幕上编演影像——就在现在这一时刻。

这部电影会有美满的结局吗？它是充满幸福与成就，还是充满忧愁与失败？整个故事的大纲已经存在，聪敏的眼睛应该可以看出故事发展的方向。

人是思想的主人

你可曾想过，你便是自己人生的剧作家，也是导演和演员。因此，你可以在影片上演期间随意更改剧情。此时此刻就可以更改，而且在你一生当中，随时都可以更改。

你可以把这部电影拍成一部成功的片子；你可以使自己成为片中征服恶人的英雄人物；你也可以使它成为一部充实每个人生活的感人的电影，而不是一部枯燥无味、令人感到沉闷的电影。

这一切全存在于你的内心中。

这完全取决于你如何处理你的思想，思想是决定你一生成败的关键。而你正是自己思想的主人。

你应该记住这样一条真理，我相信这句话每个人都会受用终生的，它就是"你怎么想，就会变成怎样的人"。这句话不仅包含了一个人的整个本质，而且范围极为广泛，可以适用于个人生活上的每一种情况与环境。一个人实际上就是他思想的主人，他的性格则是他全部思想的完整总和。

就像植物起源于种子——没有种子就没有植物——人类的每一种行动都源于思想，如果没有思想的种子，行动也就不会出现了。这也同样适用于那些所谓的"自然的"和"难以预测的"行为，以及那些经过特意安排和执行的行为。

行为是思想的花朵，而欢乐与悲伤则是其果实。一个人就是如此收藏他自己耕种得来的甜蜜和苦涩的果实：

脑中的思想造就了我们，

我们是思想所精炼及建造而成的。

如果一个人有了邪恶的思想，

痛苦就会降临在他的身上，

就如车跟在牛的后面止步不前。

如果一个人拥有纯洁的思想，

欢乐必然跟着他，

犹如他自己的身影。

人是经由定律成长，而不是诡计的产物，不管是在隐秘的思想领域，还是在可见可及的物质世界中，因果的关系是绝对而不偏离的。高贵和高尚的人格，并不是靠取宠或侥幸得来的，而是不断努力及正确思考的自然结果，是长期追求高贵思想的结果。相反，卑鄙及野蛮的人格，则是不断隐匿卑劣思想的结果。

一个人的成功与失败，由他自己一手造成。他可以披着思想的甲胄挥舞武器毁灭自己；他也可以借助思想的光芒为自己建造喜悦、力量及和平的天堂。在正确地选择及应用思想之情形下，人可以跃升到神圣的完美境地；如果滥用及错误地运用思想，他就会堕落到野兽的层次。在这两种极端之间，则是各种人格的等级，而人就是它们的制造者和主人。

在所有的关于灵魂的美好真相中，最令人感到欣慰、充满希望与信心的，莫过于——人是思想的主人，是人格的塑造者，是条件、环境与命运的塑造者。

人就是力量、智慧与爱的本质，是自己思想的主人，握有开启内心的钥匙，并且，他本身包含了改变及再生的力量，可使他自己变成他所希望的样子。

你永远是自己的主人，即使是在你最懦弱及最放纵的情况下。但是你懦弱及堕落的时候，你只是一个愚蠢的主人，错误地管理着自己的"资产"。当你开始反省自己的情况，并勤勉地搜寻用来塑造自己本质的法则时，你就已经成为一名聪明的主人了。聪明地运用着自己的力量，将自己的思想导向有益的问题，这就是意识的主人。人们只有在发现自身内部思想法则之后，才能成为意识的主人，而这种发现完全是运用自我分析及经验等方面的法则。

只有不断地向地表深处搜寻及勘探，才能得到黄金及钻石，同样，你也能发现与自己的本质有关联的每一项真理，只要自己能向自己灵魂的矿藏深处挖掘。人是自己人格的制造者，是自己生活的塑造者，是自己命运的建造者，你可以正确地证实这一点，只要你能监视、控制及改变自己的思想，追踪它们对自己、对其他人及对生活与环境的影响，并且要以耐心实行及调查，将因果关系联系起来，利用每一项经验——即使是最琐碎的日常事务——来获取知识、谅解、智慧和力量。因为"寻找的，必能发现；敲门的，门必能为他而开"，一个人只有凭着耐心、努力实行，以及永不终止地追求，才能进入知识的殿堂。

 修剪你思想的园圃

人的思想就好像一座花园，你可以辛勤地耕耘，或任由它荒废。如果园里未撒下有用的种子，那么就会有许多毫无用处的野草种子落在园中，而且将不断地滋生、蔓延起来，渐渐吞噬你原本可以更美的花园。

就如同园丁辛勤地耕耘他的园圃，拔除杂草，种植他所要的花朵和水果一样，你同样也需要照顾自己的思想园圃，除掉所有错误、无用的杂念，致力于耕耘正确的、有用的、纯洁的思想土地。你只要遵循这种过程，终会发现，你是自己灵魂的园丁，是自己生活的指导者。你也将显示自己的内部思想法则，并逐渐明白思想的力量是如何发挥作用，塑造出自己的个性、完善自己周围的环境、完成自己的目标的。

思想与人格是一体的，而且人格只能经由环境才被表现出来，因此个人生活的外在条件经常会和他的内在情况有着和谐的关系。这并不是说，一个人的环境在任何时候都能显示出他的整个个性，而是说，周围的环境与他内心深处的某些重要的思想因素，是紧紧地连接在一起的，因此，就暂时状况而言，周围的环境和他的发展是密不可分的。

每个人的处境都是由他的本质所造成的，是他人格里的思想造成的那种处境。在处理生活的态度上，是完全没有侥幸的，一切全是思想所造成的结果，没有任何的例外。对于那些觉得和他们的环境"脱节"的人，和那些对环境感到满意的人，这都是不变的真理。

人是不断进化的生物，也知道自己将会继续成长，而且当他学到任何一个环境所能给他的精神教训之后，此种环境就要消逝，被其他环境所取代。

只要一个人认为自己是外在条件的产物，他就会为环境所打击，而一旦他了解到自己是一股创造性的力量，而且他可以控制和指挥环境中的种子和泥土，那么，他就已经成为主宰自己命运的主人了。

做过自我管理及自我净化的人都知道，环境是受他的思想所左右的，因为他注意到，环境的变动和他的心理情况的变动有一定的比例。这也是真理：一个人迫切地改变自己以求补救他人格上的缺点，并且获得长足的进步时，他周围的环境也已经迅速地经历了一连串的变动。

灵魂寻求秘密的避风港，也寻求它所爱的及所惧怕的；它会触及它所追求的愿望的最高点，也会跌落到未曾抑制的欲望之中——而环境就是灵魂决定它自己的因素。

每种思想的种子都可播种或散落在思想的园圃里，并在那儿生根、成长、开花、行动，并结成机会及环境的果实。好的思想结成好的果实，坏的思想结成坏的果实。

外在的环境世界因内在的思想世界而改变它的形状，不论外在的情况愉快或不愉快，都是助长个人臻于至善的因素。作为自己庄稼的收割者，你应该经由受苦及享乐而学习接受这个事实。

人追随内心最深处的欲望、灵感及思想，并允许自己成为它们的控制者，最后总会影响其外在生活的结果与成就。

一个人通常不会因为命运的波折或环境的恶劣，而沦落于街头或监狱，反而常常因为享乐的思想及低下的欲望而沦落。思想纯正的人，也不会因为受到任何外在力量的压力而犯罪；犯罪的思想是早就深植在内心深处的，机会一到，就会发挥它的力量。环境不会造就一个人，而是在显露一个人的真正面目。如果人不会耕耘自己的思想，就不会有堕落或是提升。因此，人是思想的主人，是自己的创造者，是环境的塑造者。即使是刚生下来的婴儿，灵魂也是独立的，然后经由尘世间的每一步骤，综合吸引了各种条件：显示他自己，反映出他自己的纯正与不纯正，坚强与懦弱。

人并不能轻易成为他所希望的，除非他内心真的那么想。他的奇想、幻想及野心不断遭到打击，但他最内在的思想与欲望却不断长成，不管是肮脏或干净的。"塑造我们的神圣力量"就在于我们自己，就是我们本身。有些人只会被自己所束缚：这些人的思想和行动是命运的囚徒——它们被监禁，因为它们卑贱；而另一些人总是让自己高飞：他们的思想和行动是自由的天使——它们获得自由，因为它们高贵。

并不是因为他希望及祈祷，他就能够获得这种力量。他的希望与祈祷，只有在与他的思想及行动和谐一致时，才能获得回报及答复。

那么，从真理方面来说，"对抗环境"又是什么意思呢?这表示，人不断地抗拒一种"果"，然而他同时却在内心深处滋润及保存了它的"因"。这项"因"可能存在于意识的罪恶或潜意识的懦弱中，但无论是什么，它都会固执地延迟其持有者的努力，而因此大声疾呼要求改善。

 ## 痛苦总是错误思想的结果

有些人总是急于改善他们的环境，但从不愿意改善他们自己，因此他们无从突破。不怕自我牺牲的人，永远不会失败，且必能达成他心中所定的目标。不管是凡夫俗子，或是神仙圣贤，都适用这个真理。即使是以发财为唯一目标的人，也一定要做出重大牺牲，才能达到他的目标。

有个很可怜的人，他极为焦急，认为他的环境和家庭情况应该获得改善，然而他却时时逃避他应该做的工作，并认为他有权欺骗他的雇主，因为他认为他的薪酬太低。像这样的人根本不了解这些最基本的原则就是真正成功的基础，这不仅造成他的不幸，而且实际上也替他自己招来严重的不幸，因为他沉迷于懒惰、欺骗及怯懦的思想。

有一个富人，由于贪食，成为一种慢性疾病的受害者。他很愿意花费大把钞票来医治自己的贪食症，但他又不愿放弃他贪食的欲望。他既要满足他贪爱丰富及非自然食品的欲望，又想保持他的健康。这种人完全不能获得健康，因为他尚未学会健康生活的第一课。

有个雇主，他采取欺骗的手段，以避免工资的正常发放，希望以此获取更大的利润。这种人不能发达，当他发现自己的财产及名声都已破产时，他只会埋怨环境，而不知道他的情况是自己一手造成的。

我介绍上面三种人，只是为了说明这个真理：人是周遭环境的制造者（显然，他几乎没有察觉到这一点)，而且，他虽然朝着一个很好的目标前进，却又不断地放纵那些与此目标不一致的思想与欲望，因而使他自己的努力受到挫折。这些例子几乎可以毫无限制地繁衍及变化下去，但这一切并非不能改善，如果你下定了决心，遵循自己的心智及生活中的思想法则，那么，外在环境就不能被拿来当做理由。

不过，环境是如此复杂，思想又是如此根深蒂固，而个人的幸福又有着如此大的变化，因此，一个人的灵魂状态，是无法由他人根据他生活的外在情况加以判断的（不过，他自己可能知道)。一个人可能在某些方面很诚实，然而却为贫困所苦；另一个人在某些方面欺诈作假，却能发财致富。一般人的结论通常是这样子的：前者之所以失败，是因为他太诚实了；后者之所以发达，是因为他太不诚实了。但这是肤浅的判断，它假设那个诚实的人几乎拥有全部的美德，而那个不诚实的人则几乎是完全的腐化。从更深一层的认识及更广泛的经验来看，这种判断是不正确的。那位诚实的人可能拥有另外那个人没有的某些缺点；而那位不诚实的人可能拥有另一个人所没有的某种美德。诚实的人可能得到他诚实的思想及行为的美好结果，但他同时也使自己受到他恶行的痛苦折磨；不诚实的人也同样可以得到他自己的痛苦与幸福。

认为一个人因为自己的美德而受苦，这只不过是在满足人类的虚荣心。等到一个人将他脑海中每一种病态、痛苦及不纯洁的思想连根拔除，并洗刷了他灵魂中的每一个罪恶的污点后，他才有资格宣布，他的痛苦是因为他的良好品性而非坏品性所造成的。在他向最完美的目标前进的途中，他将会发现，在他的思想与生活中发挥作用的"伟大法则"，是绝对公正的，因此不能以良善酬报邪恶，也不能以邪恶酬报良善。拥有这样的认知之后，再回顾他以往的无知与盲目，那时他将知道他的生活一向是公平而合乎秩序的，而他过去的经验，不

管是好是坏，正是他自我演进中的公平结果。

良好的思想与行动，永远不会产生坏的结果；坏的思想与行动，也永远产生不了好的结果。这也就是说，玉米除了生出玉米之外，生不出别的东西；荨麻除了长出荨麻之外，长不出别的东西。人们通常能够了解自然世界中的此一法则，并根据此法则行动，但在心灵及道德的世界中，却很少了解它的存在(虽然，在心灵及道德世界中的此一法则，与自然世界的法则同样简单)，因此，他们就无法与此法则合作。

在某些方面，痛苦总是错误思想的结果。这也说明了痛苦产生的原因，就是个人无法与他自身和谐统一，也无法与他本质的法则和谐一致。痛苦的唯一用处就是用来净化、烧毁所有无用及不纯净的事物。一个人纯净之后，就不会再感到痛苦。从烧熔的黄金中除掉无用的渣滓之后，黄金中就再也没有杂质了；一个全然纯洁及积极的人，是不会感受到任何痛苦的。

人们遭遇痛苦的环境，这完全是他自身心灵不和谐所造成的；一个人面临愉快的环境，则是其身心和谐的结果。幸福来自正确的思想，而不是丰富的物质财产；不幸来自错误的思想，而不是物质的缺乏。一个人可能遭人唾弃而仍然富裕无比；一个人可能遭人称赞却一贫如洗。只有对财富做正确而聪明的运用，才能同时获得幸福和财富，而当一个穷人自认命运对他不公平时，他只会坠入更深的不幸中。

贫穷和纵欲是不幸的两个极端。它们同样地违反自然，也同样是心灵混乱所造成的结果。一个人无法获得适当的良好状态，除非他获得了幸福、健康以及成功；而幸福、健康以及成功，是一个人和谐地调和他外在与内心环境所得来的。

 ## 成功是一连串正确思想的精美图画

只有当一个人停止抱怨和辱骂，并且开始寻找节制他生活的那种隐藏性的公平法则时，他才开始成为一个真正的人。而当他改变他的思想以适应那个节制因素，他就会停止指责别人，而开始为自己建立起坚强及高贵的思想；他不会再和环境对抗，反而开始利用环境，协助他更迅速地进步，以及发掘隐藏在自己身上的力量及可能性。

宇宙中的支配原则是定律与秩序，而不是混乱；生命的灵魂和本质是公平，而不是不公平；世界上精神领域的塑造及推动力是正直，而不是腐化。因此，人们只有改正他自己，才能发现这个宇宙也是正直的。在使他自己正直的过程中，他将发现，就在他改变思想以适应环境及其他人时，环境及其他人也将改变以适应他。

有关此一真理的说明，存在于每个人身上，因此可利用系统的反省及自我分析方式，进行简单的调查，且让一个人急速改变他的思想，然后他将惊讶地发现，他的生活中的物质条件也会造成急速的转变。人们幻想着，思想可以永久保持隐秘性，但事实上却不可能办到——思想会迅速结晶成为习惯，习惯则可以强化而成为环境。每一种不纯洁的思想，结晶成为虚弱及混乱的习惯，然后又强化成为精神错乱及敌对的环境：淫欲的思想，结晶成为酗酒及肉欲的习惯，然后又强化成为贫困与疾病的环境；恐惧、怀疑及犹豫的思想，结晶成为懦弱、不通人情及优柔寡断的习惯，然后又转化成为失败、贫困，以及惰性依赖的环境；懒惰的思想，形成不洁及欺瞒的习惯，然后又成为肮脏及卑屈的环境；痛恨及怨愤的思想，形成谴责及暴力的习惯，再转变成创痛及迫害的环境；各种自私的思想，成为自谋私利的习惯，再转变成或多或少的痛苦环境。相反，所有美好的思想，皆能化为优美而善良的习惯，然后转变成为愉快而明朗的环境：纯洁的思想，化为节制及克己的习惯，转变成安详和平的环境；勇敢、自信及果断的思想，化为勇敢而高贵的习惯，继之转变成为成功、富裕及自由的环境；充满活力的思想，化为干净及勤勉的习惯，继之转变成为愉悦的环境；温和及慈悲的思想，化为和善的习惯，继之则转变成为保护性及保存性的环境；充满爱心及不自私的思想，化为忘掉他人错误的习惯，而转变成为肯定、永久繁荣及真正富足的环境。

特别坚定的思想，姑且不论是好是坏，一定会对人格与环境造成影响。一个人虽不能直接选择他的环境，但可以选择他的思想，因此，也就是间接地塑造了他的环境。

大自然协助每个人去满足他的思想，因此也提供了善良及邪恶思想的表现机会。

　　且让一个人停止他的罪恶思想，则全世界都会对他表示友善，并准备帮助他；且让他排除他的懦弱及不正常的思想，则会立即出现很多机会，以协助他坚强的决心；且让他产生善良的思想，将不会有厄运把他拖入不幸与羞愧的境地。世界就是你的万花筒，当你成功时，出现在你面前五颜六色的灿烂光芒，就是你那些瞬息万变的思想的精美图画。

　　你将会成为你想要成为的人，

　　让失败在那个可怜的世界——"环境"中，

　　寻找它错误的内涵，

　　灵魂瞧不起失败，因为它是自由的。

　　它主宰了时间，征服了空间；

　　它吓走了那个吹牛的骗子——机会，

　　并使暴君——环境

　　丢掉了王位，而沦落为仆人。

　　人类的"意志"，是看不到的力量，

　　是永不死亡的灵魂的后裔，

　　能够开启新路通往任何目标，

　　不惧花岗石墙的阻碍。

　　对于阻碍不必心急，

　　而要谅解地等待，

　　当灵魂崛起及掌管一切，

　　神祇也会俯首听命。

主宰你自己的思想

　　你认为你自己是怎样的一种人呢？其实你就是你自己过去思想的产物——不管这些思想是积极或是消极，耻辱或是胜利——更决定了其他人对你有什么看法，尤其是在你的童年时代。根据这些因素，以及我们以后所要讨论的其他因素，你于是拍摄了一部以自己为主角的电影，并且认为这部电影是真实的。但在事实上，这部电影可能是虚伪的——在很多情况下，它是虚伪的——但是有个重要的事实就是你把它当做事实一般地加以演出。从各种意愿与目的来说，它都是真实的。

或许你会问道："那样的话，我在电影中把自己描写成为一个懦弱的人、一名受害者，而且所发生的一切都是千真万确。这又有什么趣味呢？"

事实上，你完全可以把这部影片演绎成一部成功的片子。这部影片是可以改变的，请了解这一点：你是剧作家、你是导演、你是这部片子的主角。

你所必须学习的只是如何来改变这部电影，多投资一点时间和精力在它身上，遵守那些经过时间考验的各种方法——这些方法十分简单，而且到处可见，只是我们经常忽略了它们。

有一则关于苏俄著名哲学家及神秘学家欧斯本斯基的故事。为了研究意识的性质，他服下某种药物。在这种药物的影响之下，他突然明白了，他已经发现了生存的秘诀，这个简单的秘诀已经在他的潜意识中潜伏了一辈子，现在被药物发掘了出来。他急忙拿起一枝铅笔，把这个奇妙的成功公式写了下来，然后陷入沉睡之中。等到他醒过来，完全恢复了神智，他立刻去检查那张纸。这张纸上写着："思考新的领域。"

我希望能协助你做到这一点：在新的领域内进行思考、感觉与行动。重新检讨你以前的想法，不要满足现有的事实，扩大你的思考范围。换句话说，就是改变你的思想。

还有，我们所有的行动与情绪都是和我们的思想一致的。你认为你是怎样的人，你就会采取怎样的行动。认为自己是"失败者"的人，将会走上失败之路，不管他如何努力想要获得成功，甚至即使他遇到很多好机会，也一定会失败。因为认为自己"运气不佳"的人，总是会设法证明他自己确实是"坏运气"的受害者。

思想是我们整个个性的基石。因此，我们的经验似乎就可以证明并强化我们的思想，形成一个恶性（或良性）的循环。

对自己缺乏自信的推销员，将会带着一种沮丧的表情去面对他所要争取的客户。他几乎差点为自己的存在提出抱歉，这样当然会遭到人们的拒绝。因为他自己就动摇了准客户的信心，以证明他的思想是正确的：他是讨人厌的、差劲的，是个失败者。

某个女生，如果认为自己很丑，对男生没有吸引力，那么，她就会很自然地想方设法去证实她对自己的想法是正确的。如果有某位男生对她说，她的身材很好，她将会想到脸颊上的那颗黑痣丑陋无比；如果对方说她的眼睛很漂亮，她又会对自己说，她的鼻子太长了。她这种自卑、自我贬低的态度，最终只会把她的仰慕者赶跑，她并将发现——她认为自己很丑的想法，是千真万确的。

由于受到这种所谓的"客观的真理"的影响，人们很难明白问题就存在于他对自己的看法上。如果你告诉上面所提到的那位推销员，他并非不能推销，只不过是他"认为"自己无法推销自己。那么，他一定会以很怀疑的眼光看着你，他只知道他已经努力过了，但有什么结果呢？如果你告诉上面那位女生她十分迷人，她也会试着去证明你说错了，毕竟她真的没有男朋友。

然而——在你身边确实存在一些真实的生活故事——有很多推销员在他们的推销能力上获得了近乎奇迹的改变；一些自怨自艾的女孩子也能变成男生心目中的漂亮女郎。这些变化，都是在他们了解了改变思想的重要性之后所发生的。

这是基本的道理：你的思想及对自己的看法是可以改变的。一个人绝不会因为太年轻或太年老而不能去改变他消极的思想，以及立即展开一个更具生产性、更有创造性的新生活。

让正确的思想成为你的朋友

一个人如何能过上快乐的生活？一个人如何在我们这个繁忙、杂乱的世界中找到幸福的生活？这里面的秘诀在哪儿？

事实上十分简单。想要过"真正的"生活，想要生活得愉快，你必须拥有自信和正确的思想。你必须喜欢并信任自己，必须感觉到你可以充分地表现出你的真正感觉，而不必害怕曝光，你必须认为根本没有必要去隐藏你的真实面目，你必须充分认识你自己。你的思想必须合乎实际地表现出真正的你，当你的思想完整而正确时，你就会有美好的感觉：你会感觉到自己充满了信心。你准备向全世界表现真正的自己，你将对此感到骄傲，你散发出生命的气息，并深入参与生活——从生活中获得快乐。当有缺陷的面孔经过整形改正之后，那自卑的思想也会获得改变，从而产生重大的心理变化，否则这种改变只是表面而已。

因此当你坐在戏院里，看着自己在舞台上演出本书所揭示的一些内容时，你手中要拿着一面镜子，看看镜中的自己。好好地看，用心地看，不要害怕你将看到的一切情景。

你可知道如何观看？看些什么？

你是否听到有人说："我要看自己表演吗？"

是吗？你将会看到某个人，他有耳朵、眼睛、鼻子、大腿和手臂，但你所要看的就是这些肉体特征吗？

不是的，你必须看到这些肉体特征的后面——看到你内心中的脸孔、情绪、信仰，那是隐藏在你内心中的那个陌生人，这些都是你在镜子中看不到的。

这就是你所需要认识的真正的自己。

如果你的思想是你的敌人，它可以利用你过去的失败经验无数次地击败你，使你永远都是一个失败者。

如果你的思想是你的朋友，它将从你过去的成就中吸取信心，从过去失败的经验中吸取教训，源源不断地给你生活与成长的勇气。

和你自己做个朋友吧。只有这样才会幸福，并且使你的心智获得更大的提升。

在这个舞台上——就在你意志的剧院里——我们将演出一些剧本，你将在剧中担任主角，你的积极正确的思想就是你的朋友。

思想与目标的结合

生活没有目标的人，很容易沦落于不必要的忧虑、恐惧、挫折感与自怨自艾中，这些都是懦弱的象征，而且将会导致失败、悲哀及迷失。因为，在一个强权演进的世界中，弱者是不可能永远存在的。

你应该有一个目标，并且努力去完成它。你应该把这个目标当做思想的中心点。这个目标的形式可以是精神性的理想，也可以是世俗的目标，但不管是哪一种，你应该坚定地把自己的思想力量集中在你所定下的这个目标上。你应把这个目标当做你一生至高无上的追求，并投下全部心力来实现这个目标，绝不能允许你的思想漂流在那些虚幻的幻想、盼望与想象之中。即使一再失败而无法达成目标（你一定要经过这个阶段，直到克服懦弱为止），你所获得的个性的力量，也将成为你真正成功的工具，而且这正是你开创未来的力量及成功的资本。

如果你是一个不害怕达成伟大目标的人，我将为你欢呼，因为现在的你已经开始控制自己的思想了。你应该把思想固定在如何完美地执行自己的任务上，不管你的工作显得多么渺小。唯有这样，思想才能广博集中，并因而发展出决心与力量，只要达到这种境地，任何事情都可以成功。

最懦弱的人，在明白了自己的懦弱，以及承认了此一真理——只有努力实行才能发展出坚强的性格——之后，将会相信：一旦把自己投注下去，努力再努力，忍耐再忍耐，坚强再坚强，最后他将会成长起来。

身体虚弱的人，可以经由仔细及耐心的训练而使自己变得强壮，因此，思想懦弱的人也可以通过学习正确的思考，使自己变得意志坚强。

如果你能排除漫无目标及懦弱，并开始有目的地思考，你就已经名列强者之中了。那些成功者都知道"失败为成功之母"，并且能使所有的环境为他们服务，他们只知坚强地思考，毫不畏惧地前进，并且光荣地成功。

一个人在定出自己的目标之后，就应该在心里计划达成此一目标的笔直的道路，既不偏左也不偏右。怀疑与恐惧应该立即被排除，它们都是瓦解成功的因素，将会破坏你的一切努力，使你一事无成。

抱持怀疑与恐惧的思想，永远不会有任何成就，它们只会带来失败。当怀疑与恐惧侵入后，目标、活力、力量以及所有坚强的思想，都将被一扫而空。

行动的意志力来自这样的一种认识：我们可以成功。怀疑和恐惧则是此种认识的最大敌人，那些总是设法"鼓励"二者而不主动去阻止它们的人，将处处受挫。

征服了怀疑及恐惧的人，就是征服了失败。他的思想中充满生命的活力，他能够勇敢地面对所有的困难，并且聪明地克服它们。他能够理性地埋下他的目标，让它们开花，结下成熟的果实。把思想和目标毫不畏惧地联合在一起，才会拥有创造性的力量。能够认识到这一点的人，比那些只把各种思想和情感编织在一起的人，要高级且坚强得多；而能如此执行的人，即可成为一位有知觉且充满智慧的成功者。

成功的思想因素

　　一个人成功或是失败，完全是他思想的直接结果。在一个公正而有秩序的宇宙中，失去了平衡就等于是完全的毁灭。每个人都必须为自己负责。一个人懦弱或坚强，纯洁或不纯洁，都是他自己的事，跟其他人无关。这些都是他自己造成的，而不是别人。他的痛苦与幸福，都是从他的内心深处演化出来的。当他有所思考时，他存在；当他继续思考时，他继续存在。强者永远无法帮助弱者，除非弱者乐于接受帮助，即使如此，弱者本人也必须自己努力，才能成为强者，他必须自己努力，发展出存在于别人身上、而令他羡慕的那种坚强的个性。除了他自己，没有人能改变他的生活。人们通常都这样想："很多人之所以会成为奴隶，是因为有一个压迫者存在，让我们一起来痛恨那个压迫者吧。"不过，我想对所有的青年朋友说："一个人之所以成为压迫者，是因为有很多人甘愿当奴隶，让我们轻视那些奴隶吧。"事实的真相是，压迫者和奴隶是愚昧的合作者，虽然从表面上看来，他们使对方感到痛苦，但事实上，是他们使自己痛苦。完美的知识可以看出被压迫者的弱点，以及压迫者对权力的滥用；完美的爱则可以看出双方所受的痛苦，因此它不谴责任何一方；完美的怜悯同时拥抱着压迫者和被压迫者。

　　克服懦弱、排除所有自私思想的人，既不属于压迫者，也不属于被压迫者，他是自由自在的人。

　　一个人唯有提升他的思想，才能崛起、征服及成功。他如果拒绝提高他的思想，就只有永远停留在懦弱、可怜及悲哀的境地。一个人必须将他的思想提升到超越奴隶性的动物式的思想高度，然后才能有所成就。他想要成功，就必须放弃所有的兽性与自私的思想，至少牺牲其中一部分，才能达到他的目标。一个人最初所想的，如果都是淫欲的思想，那么他将无法清晰地思考，也无法系统地计划任何事，他无法找出自己的能力并予以发展，因此在任何行动中都将失败。由于他尚未开始有效地控制自己的思想，他也就无法控制局势，无法负起任何严肃的责任。他无法单独行动和独立作业。因为他受到了自己所选择的思想的限制。

没有牺牲，就不会有进步，也不会有成就。要衡量一个人的成功与否，必须看他是否除掉了他那些混乱的兽性思想，并且专心发展自己的计划，加强自己的决心与自信。他把自己的思想提升得越高，他就变得越勇敢、正直及公正，成就也越大，并且会得到更多的祝福，成就也能更为持久。

这个世界并不是偏爱贪婪、欺骗、邪恶，只不过在表面上，有时候可能会显得如此而已，它协助诚实、高尚的美德。各个时代的"伟大导师"，都已经以各种不同的方式做了上述的宣布。一个人在证明及认识了这一点之后，才能提高他的思想，并使自己获得更多更多的美德。

智慧性的成就，来自致力于追求知识，及追求生命与大自然的美丽与真理。这种成就有时候可能与虚荣及野心有所关联，但它们不是这些心理的结果，它们是长期努力，以及纯洁不自私的思想的自然产物。

精神上的成就，是神圣灵感的实现。经常生活在高尚与高贵思想中的人，以及行事纯正不自私的人，将会在个性上变得聪明及高贵，并且进入具有影响力及幸福的境地。这种改变是必然的，就如同太阳必然会达到它的最高点，以及月亮必然会满月那般的肯定。

成功——不管哪一类——都是对努力的奖赏，也是思想的王冠。在自我控制、决心、纯正、公平及方向正确的思想的协助之下，一个人必然会向上提升；在淫欲、愚昧、不纯洁、腐化及混乱思想的控制下，一个人必然会向下堕落。

一个人可能在这世界上获得极高的成就，甚至进入精神世界的高超领域里，然后再度坠落到懦弱与不幸的情况之中，只因为傲慢、自私及腐化的思想占有了他。以正确思想获得的胜利，唯有小心守护才能维持。许多人在肯定自己获得成就之后，就松懈了，因此很快又坠落到失败之中。

所有的成就——不管是事业上的、知识上的或精神领域中的——都是正确思想的结果，都是遵循着相同的法则，而且也都使用相同的方法。唯一的差别只在于成功的目标。

想获得小成就，就必须做出小的牺牲；想获得大成就，必须做出大的牺牲；想获得伟大的成就，就必须有重大的牺牲才行。

 ## 期待达成你所设定的目标

梦想家是这个世界的拯救者。由于这个有形的世界是由无形的事物所支撑，因此，人们在经历各种艰苦考验、罪恶及卑贱职业的折磨的同时，也能受到这些梦想家所描绘的美好幻象的鼓舞。你绝不能忘掉你的梦想，不能让自己的理想消退及死亡。理想是有生命的，它存在于你的身上，你应相信它们是总有一天会实现的事实。

作曲家、雕刻家、画家、诗人、预言家、哲人，这些人都是死后世界的制造者、天堂的建筑师。这个世界因为有他们的存在而变得美丽；如果没有他们，辛劳一生的人类终将全体毁灭。

你若在心中追求一个美丽的景象，一个高远的理想，总有一天理想会实现的。哥伦布追求另一个世界的美景，最后终于发现了新大陆；哥白尼向往广阔宇宙的美丽景象，最后终于向世人揭开了宇宙的奥秘；佛祖在幻想中看到一个纯美及和平无争的精神世界，最后他迈进了这个世界。

追求你想象中的美景；追求你的理想；追求挑动你心灵的音乐；追求你纯洁思想的可爱外衣。因为从它们那儿，将产生各种愉快的情况，并把你带进快乐的天堂，如果你能忠实地把握他们，你的美丽世界最终将建立起来。

有所求，即有所得；有所愿，即有所成。即使是人们最微小的渴望，也应该获得最大程度的满足。而让他纯洁的灵感因缺乏食物而挨饿，这是不合乎法则的。

做些高远的美梦，而当你梦想时，你也将成功。你的幻想就是你未来的保证，你的理想也就是你未来的情况的预言。

最伟大的成就最初就是一个梦想。橡树在果实里沉睡；鸟儿在蛋中等待；在灵魂的最高境界中，一名守护的天使在期待。梦想就是事实的种子。

把住你思想的舵

平静的思想是一颗美丽的智慧宝石，是在自我控制下长期努力的结果。它的存在是成熟的象征，也代表了对思想法则及行为的独特认识。

一个人要使自己心情平静，必须先了解自己是一个思想进化的人，因为必须有这种认识，才能了解旁人。而当他逐渐了解，并能清晰地看出事物的因果关系时，他才不会再庸人自扰，不会再感到不安、忧虑和悲哀，而能够常保泰然、坚定及平静。

心情及思想平静的人，在学会如何控制自己之后，也就懂得如何改变自己去适应别人；而正因为这样，别人也将尊敬他的精神力量，并且认为可以向他学习，并仰赖他。一个人越是宁静，他的成就也越大，他的影响力及自身的力量也越强。即使是一个普通的商人，只要能学会自我控制与平心静气，他的生意将会欣欣向荣，因为人们总是比较喜欢和一个态度极为宁静的人打交道。

坚强、平静的人总是受到爱戴与尊敬。他就像生长在干涸土地上的一棵大树，或是暴风雨中一块避风的岩石。谁不喜爱一颗宁静的心、一种平衡而甜蜜的生活呢？对于拥有这些优点的人来说，不管是下雨或晴天，或是有何其他的变化，一点都不会影响到他们，因为他们永远是甜蜜、平静及安宁的。平静——一种高尚而均衡的品性——是文化的最后一课，它是生命的花朵，是灵魂的果实，它犹如智慧那般宝贵，比黄金更令人渴望。追求金钱和追求平静的生活相比较，前者可说是毫无意义。平静的生活，是居于真理海洋深处的一种生活，它在波涛之下，是暴风雨影响不到的一种永恒。

在我们所认识的人当中，有太多人因为大发脾气，而破坏了他们的生活，破坏了所有甜蜜而美丽的事物，毁灭了他们宁静的个性。这是一个大问题：绝大多数的人都是因为缺乏自制，毁了他们的生活，断送了自己的幸福。在我们一生所认识的人当中，只有极少数人是相当均衡发展的，他们拥有那种高尚的品德，而这正是完美品德的特点！

是的，人性充满着未受控制的热情，激荡着未受压制的哀愁，受到焦虑及疑惑的摆弄。只有智者，只有思想受到控制及净化的人，才能使灵魂的狂风暴雨听命于他。

你理想的阳光海岸，正在等待着你的光临。让你的手紧紧地握住思想的舵。在你灵魂的帆船中，斜躺着一位发号施令的主人，他沉睡着。唤醒他！自我控制就是力量；正确的思想就是控制权；平静就是能力。对着你的内心说道："平静，安静下来，这样我将控制一切。"

第二章

个性——最伟大的宝藏

一个人能不能成功的决定因素，不在于他拥有多少有利的条件，而在于他如何评估、期望自己。这种自我评估，也决定别人对他的评价。

每个人都拥有某些天赋的特质、潜在的能力与成功的力量。这是你最大的资产，你必须使自己成为一名积极的思想者，把个性的力量转化为有效的行动，赋予生命新的意义。

在很久以前的某一个时期里，所有的人类都拥有神力。然而人类却滥用他们的神力，因此勃拉玛——地位最崇高的造物主——决定剥除人们所拥有的神力，并将它藏匿在一个不易被发现的地方。问题是，该如何去寻得一个适宜的藏匿地点。

次日，当众神被召唤出席一项会议来讨论这个问题时，他们提出了以下建议：将神力藏匿在陆地上的某处。然而勃拉玛否决了这项提议，他说："不，这太容易了。肯定有人会挖遍陆地并且找到它的。"

于是诸神答复道："既然如此，不妨将它藏匿到海洋深处。"

然而勃拉玛再度否决并说道："不，因为人们迟早都会搜遍海底的每一个角落。人们必定会找到它并将它带回陆地上。"

诸神因此无法找出一个可以安全避开人们的藏匿地点。

于是勃拉玛答道："以下就是我们即将处理神力的方式——我们应该把它藏匿在人们自己内心的深处，因为那是他们唯一不会想去寻找的地方。"

自此之后，人们已寻遍陆地表面和海底所有角落，寻找着只能在自己内心寻获的某样东西。

这个藏匿的东西，当然是指你的个性，现在你已经明白了！你知道利用这项万能的工具，可以做到任何事情。毫无疑问，你梦想过的每样事物都将获得实现。梦想是你的权利，而且你期望得到的东西都将如你所愿，任你取回：爱情、成功、财富、健康、幸福。你现在可以获得自己向来期望拥有的一切了。事实上，"我早已拥有它们了"——只要你如此认为，并且发自内心深处地相信它。你唯一需要做的，是让你自己真正的性格将它显露出来。一种崭新的重生正在等待你，就在今天，一个令人惊奇的新生活正在等待你的拥抱。因为生活就是一种心理状态，也可以说是你自己想法下的产品，所以不要限制人的想法。思考的力量可以造就一切事物，你有能力完成任何事物。

要想获得成就，就需要一种自我控制精神力量的训练。而要想达到这种精神管理，就要完全接受一项能导向成功的定律：思想一定会使事情改变。

 ## 人的成功就是个性的成功

无论从何种观点来看，一个人的"个性"均可视作其获得成功的通行证。我们通常会记住人们的哪些特征呢？除了他们的身体容貌、穿戴的服饰或声音之外，他们的个性往往会给我们留下一个深刻的印象。我在此提到的个性，是指一个人个性的所有部分。然而真实的个性是一种内在的特质，或更确切地说，是"散发自一个人身心最深处的一种活力气氛"。

一项最近在美国进行的研究指出，人们的成功85%是仰赖他们的个性，剩余的15%则与他们在自己所选择领域里的技巧和经验有关。许多成功的人们对于这个事实都有绝对的了解。

比方说，以政治家为例。大多数人们投票的标准多半依据一位候选者的个性，而非其政见观点。他们所推选的，通常是由传播媒介刻意塑造出来的一个形象。你可知道约翰·肯尼迪在尚未决定踏入政坛的学生时代个性十分内向含蓄，更倾向于成为一个作家或一位教授，而非一位公众人物吗？如果他后来并未决定敞开自己和变得更爱好社交——亦即彻底改变他的个性——他绝对无法被推选为美国总统，他也绝对无法享有他所造就的特殊声望。

所以，你的成功85%是决定于你的个性，这的确是件引人深思的事，不是吗？这恰好证明获得成功最有保障的投资，是你自己的个性。

"那听起来很棒，"你说，"但我该如何获得一种出色不凡的个性并在凡事上获得成功，却又不至于在别人眼中显得摆架子或虚伪做作呢？"嗯，这个问题的答案很简单。改变你的个性不会在隔夜间即获得实现，你一定可以获得成功，但必定是在历经数月的自我努力之后。然而，只要你开始努力，一定程度的变化必然会出现。至于让那种变化产生深刻与持久的效力，则必须花费一段时间。它完全决定于你开始起跑时的位置，尤其是你对自己所抱持的概念，以及阻止你全力发展个人潜力的障碍。

你知道自己拥有潜力，你知道你可以变得更引人注目、更具自信、更富爱心 (与获得关爱)，拥有更快乐与更积极的个性。但是你不知道该如何发挥一切潜力。别担心，大多数的人们都和你一样，他们只运用了自己所有潜力的一小部分——甚至鲜少超过10%。

究竟是什么样的障碍阻止你获得你向来希望拥有的个性呢？第一项障碍极有可能是你未觉察出你自己潜能的事实。但这将不再称得上是一个问题，因为你现在已经知道如何去利用一个充满知识与能量的惊人宝库——你的思想。那么，除此之外的障碍是什么呢？它们多半是无意识的，属于我们所受教育造成的结果。个性大多不是与生俱来的，它是一种经过熏陶后成形的产品。令人感到惊讶和鼓舞的是，培养积极个性的真正障碍，乃是你对自己所抱持的错误概念。

你的个性是以你的自信为基础的，这个说法完全正确，丝毫未言过其实。你受到的限制在于你内心的自我形象。如果你想挣脱这种限制，就必须挣脱你的心理形象。

 # 向内心挖掘你无穷的力量

一块普通的石英经由电流加以刺激时，每秒钟可以振动 4 次、194 次，甚至是 302 次。这真是令人惊讶不已。如果一块普通的石英对刺激能产生这种不寻常的反应，那么，当个性力量真正产生刺激时，人类的思想和精神将造成多大的反应呀？显然，这种潜在力量是无限的。

很久以来，我们一直阅读到许多心理学家和科学家对人类行为所做的评价。他们表示，普通人可能只使用了他们 20% 的心智力量，即使是天才，所使用的心智力量也只不过稍稍多一点而已。某些科学家甚至认为，人们创造力的平均使用率低到 10%。大自然赋予人类极高的潜在力量，但人类在解决问题和开创事业时，却只运用了其中的 1/5，这简直是一种犯罪，而且是人类对自己造成伤害最大的犯罪。有人忍不住要问，为什么普通的石英，在受到刺激时竟能产生如此令人难以相信的反应，而与此同时，世间的男人和女人却对他们四周的机会，以及在他们心智内部的潜力，却宁愿满足于"人是有限度的"思想当中？

这可能是一项事实：一般人都不知不觉地接受了对他自己和他的能力是有限度的概念。他从未想到，这种潜能是可以增强的，他只要对自己进行创造性且积极的思考，就能从思想中获得相当大比例的力量和潜能。

一个人拥有比他自己不曾想到或甚至认为不可能那么多的精力和力量，这才是事实。你大概记得古代那位大思想家马尔加斯·奥里欧斯的名句吧，他说："向内心挖掘，那里存在着良善的源泉，尽量挖掘，它永不枯竭。"

专门鼓舞人们向上的作家克密特·鲁耶克曾提及有位昏迷不醒的司机，陷身在一辆翻倒的运油卡车的驾驶室里，卡车已经燃烧起来。在围观的人群中，即使最强壮的壮汉也无法把驾驶室的车门拉开，因为在车祸发生的时候，车门被卡住了。这时，有一个中等身材的男人站出来，他脱掉外衣，抓住车门把手，猛然一用力，就把车门扭开了。

他爬上火焰弥漫的驾驶室顶部，踢掉踏板，将司机的脚抽出，用背部顶着被撞毁的车顶，把司机拉了出来，送到了安全的地方。

后来，有人问他，像他这种身材的人怎能使出如此惊人的力量，他解释说，他的两个孩子就是被火烧死的，因此他对火极端憎恨。当他看到这位无助的司机被卡在一辆满载汽油，而且随时都会发生爆炸的卡车里时，他对火的憎恨使他发挥了极大的力量，他甚至不晓得他自己拥有这么大的力量，他只知道他要把那人从可怕的大火中抢救出来。危急的情况往往能产生一种我们称之为"超人"的力量，但是如果把这股力量当做是未被使用的人类的正常力量，这种想法不是更正确吗？如果这种力量能在危机下产生，也就证明了它是时时存在的，只是未被发掘出来而已。所以你要记住，无论在什么时候，处在什么样的情况，只要你"向内心挖掘……尽量挖掘，它永不枯竭"。

把个性化为行动的力量

积极地控制思想，发展它并且维持你前进的力量，这对成功的生活来说，是最基本的。有了它们，你就能维持你的动机、你的热忱、你的灵感，并且一再补充——天天如此，永不中断。这就是本书所要表达的中心思想。而且我还要介绍这个思想的周边附属观念，以及一些特殊的技巧，许多人都发现这些技巧特别有效。本书提供一个方法，引导你如何维持高度的前进力量，去开创更成功、更美好的生活。

要想不断维持着积极的思想，最重要的是时时保持着一种热忱的精神，不管是什么情况下，都是如此。个人生活上所遭遇的变迁和打击，如果不加以避免的话，将会减少我们的热忱，并且削减我们积极的态度，而这样的精神腐蚀，正是每一位有创造力的人所希望避免的一种恶化过程。所以，你必须为自己拟定一个时时能为你鼓励打气的计划。要把热忱和动机维持在最高水准上，就必须有系统地不断补充重要的精神。而这些正是你获得成功的基础与条件。

你应当学会如何成为一名积极的思考者，并且赋予你的生命新的意义；你应学会思考如何使自己在事业上更为成功。当你真正投入其中，热忱就会使你升华到更高的水准，也使力量奔向你，而不是从你身旁溜走。即使是如此，某些无法预见的困难仍可能发生，烦恼也会形成，更可能产生挫折，你的前途因而变得艰辛而困难。在这种时候，你必须重新鼓舞你的精神，恢复你的热忱，以便支持你的积极观点。这本书将指出，在千变万化的条件和情况下，如何把个性的力量组织起来，产生有效的行动。

强调必须"重新调整"积极态度的是一位杰出的积极思考者——南非开普敦信托银行董事长杰·马莱斯博士。马莱斯博士是在一个办公大楼的一间朴素的办公室里，创立了这个重要银行组织的。他运用健全的银行制度和崭新的做法，把"信托银行"发展成为世界上最伟大的一个金融机构。在他达成杰出成就的过程中，他运用了积极的思想、热忱和最高的管理技巧。他在最近的一封信里写道：

根据我个人和我的同事们的经验，鼓舞和刺激完全就像是食物。你必须每天吃适量的食物。否则，空虚、疲倦、沮丧、缺乏野心和斗志，将很快不请自来。

这位极有影响力的商界领袖是位聪明而又宽宏大度的人士，他深深明白，鼓舞和热情这两种极为重要的品性，是不能加以忽视的，它们的力量经常会变得衰弱，因此，必须每天重新接受新的刺激性的思想，甚至逼使它们化成行动——以便使它们保持前进，永远前进。

 ## 动力来自于不断地开拓新的领域

鲁耶克曾经为我讲述了一个发生在越南战场上的真实故事。四名美国大兵在越南一条很狭窄的道路上遭到伏击。他们被迫跳入一条沟渠中。但是，他们发现他们的位置太过暴露，于是他们又跳回到道路上，并向他们的吉普车跑去，但是由于路面太窄，吉普车无法调头。他们每人捧住一个轮胎，合力把吉普车抬起并迅速调头，然后四人跳上去，以最快的速度冲过交织的火网，驶回安全的地区。回到营区后，他们即使四个人一起抬一个轮胎也无法把吉普车抬离地面。这四人在遭受伏击的现场中，是从哪儿获得这股巨大的力量呢？当然，是来自他们的体内，这就是答案。

因此，目前的问题是，在日常生活的困难和问题中，为什么我们无法挖掘

成功的资本

并利用这些通常只在严重危机中产生的惊人力量？这个问题的答案，也许在于这项事实：我们对信心和思想坚定的信念。当我们发展出坚定的信念后，我们是否就能够把巨大的个性力量刺激成行动？这似乎并不是太大的奢望：我们可以从我们的身上发展出我们甚至梦想不到的伟大力量。

接下来的这篇故事，我曾经撰文发表在肯尼思·伯格博士编辑和发行的《伟大力量》杂志上。这件事发生在4年前，在芝加哥克洛克和布连塔诺书店的仓库中，当时我正在那儿为我的著作《信心的突破》做亲笔签名。出乎我意料的，该书店已经退休的创办人阿道夫·克洛克突然走进屋里，并开始帮我的忙。

"还有什么需要我帮忙的吗？"他喃喃地问。他对我说，他一直试着要远离由自己创办的这家书店，但几十年来的老习惯，却总是吸引他又走了回来。他解释说，每个人都待他很好，他的儿子卡尔（也就是书局现任的董事长）见到他的时候总是显得很高兴。但他敏锐地感觉到，他已经"离开了这家书局"，不再属于这儿了。"我想我已经不中用了。"他很哀伤地宣称，"因此，我很高兴能像一个仓库小弟那般地为你服务。"

然后，他突然问："关于这个积极思想——你为什么不写一本有关退休的书呢？"

"哦，那并不是我的研究范围。对于这种题材我没有太多的认识。"我回答说。然后，我拿这个问题来反问他："你为什么不写一本这样的书，你现在不是已经退休了吗？"

"我不行。"他很迅速地回答，"我并不写书，我只负责销售它们。"

我们沉默了好一阵子，只有当我把书籍搬动，以及签名时所发出的声音打破寂静。

"好吧！"他说，"也许你能够对退休的创伤保持超然的态度，并且表达一个客观的观点。给我一些忠告吧，如果你处在我的情况，你将怎么办？我该怎么办？我的健康状况良好，精力充沛，而且我希望能做些有意义的事。但目前我却站在我生命的最高点，我看不到任何兴奋的事情，甚至觉得自己毫无用处。"

"嗯，好吧！"我回答说，"我现在所要说的话都是我临时想到的，而且，

你要记住，对于退休这个题材，我并不是专家。不过，我知道其他人在类似情况下曾经是如何解决问题的，我们也许可以从他们的经验中学习到一点东西。"我告诉他，根据我的意见，最好不要重视"退休"这个名词，改而强调"重新调整"这个名词和观念。"退休"多少代表着一种结束的境地。"重新调整"则正好相反，它代表了活动的继续，只是能力不同，而且可能是以一种完全崭新的形式进行。

曾经有一位韩国老人告诉我，在他的国家，人们认为"人生60岁才开始"，他们把退休当做是一个新的起点，并且鼓励他们自己从事新的活动。

"我在60岁时感觉自己仿佛是大梦初醒。"我那位韩国朋友宣称，"而且从那时候起，我一直像一个青年人那般地生活。"

因此，任何一位健康而精力充沛的人，实在没有理由接受目前被一般大众所广泛接受而且因循遵守的这项概念：一个只凭私意决定的退休年龄，一定必然意味着将丧失从事崭新而有益处的活动的资格。没有人——不管是什么年龄——需要停留在一个沮丧的境界里。

所以，我向这位闷闷不乐的退休董事长建议说，他应该采取某些积极的原则——向他以往的老事业道别，卖掉房子，搬到一个不同的地方去居住。再度把他自己当做是刚刚创业时的那样子：一个从国外移民进来的小男孩，踏上一块新土地，正在寻找创业的机会。

我告诉他要实行这样一个精神原则——"忘掉过去的事，追求前面的事。"

后来阿道夫·克洛克在一个靠海的小城里定了居，他成为一位房地产商、一位银行家、一家教会服务俱乐部的主席、当地医院董事会主席、商会会长。当地的一位居民这么说："这位年轻的老家伙就像个重新被点燃的火团，我简直不敢相信，像他这种年龄的人那股热忱和活力究竟是从哪儿来的呢？"20年之后，他仍然生活得十分硬朗。他回到故乡的唯一目的，就是去参加他同辈者的葬礼。克洛克先生在退休生活中仍然进行积极的思考，因此得到积极的结果。他发现他并没有走到生命的尽头，而是觉得自己如重生一般正开始着新的生活。他发掘了以前从来不知道的某些内在的资源，并且找到了他并不知道他拥有的某些额外能力。他把他的个性力量加以刺激，重新开始行动，并为自己创造了一个充满刺激的新生活。曾经使他成为一位商界和社团领袖的那股热忱和上进心，在他的退休生活中被再度加以运用。他成为一个极有鼓励性的好例子，让人明白如何维持积极原则，以及保持活力。

应付生命中的"如果"

把握生活的环境，永远加以适度的控制，这一点是十分重要的，因为人类的生存经常是在追随着一个不稳定且变化多端的形态。除非你能把生活加以处理和控制，否则它会颠覆你、陷害你，重重地打击你，叫你措手不及。然而，我相信，这地球上的生活是顺着我们的，而不是反对我们的。如果每个人都能明白造物者的用心，生活中的一些小小的打击是对我们有利的，不过偶尔也会遭遇到某些困难，因为"宇宙的伟大建筑师"并未排除痛苦、挣扎和困难。他知道，这些打击将帮助我们成为一个伟大的人物，而这个目的就是他当初创造人类时的基本目标之一。一个人若是不经过奋斗，不克服痛苦和困难，是无法成功的。要想有效地面对和应付生活，我们必须时时保持警觉，以一种积极的态度进行思考，不断把个人独特的力量组成有效的行动。对于生命变化多端、无法预料和不稳定的特性，我们必须能够明了并且预做准备，而这些特性则是因为我们自己的同类特性所引起的。

我不知道你是否和我一样注意到"life（生命）"l-i-f-e 这个词，它的中间正好有一个"if（如果）"。这个由 4 个字母组成的词，中间这两个字母正好代表生命中不稳定的形式及概念。而"如果"这个词的效力，在许多人的谈话中，经常受到强调。他们常会说"如果我这样做……""如果我那样做……""如果事情是这样发生的……""如果事情是那样发生的……""如果我不说那句话……""如果我不做那件事……"这样的话语不断地进行着，"如果"这个口头语也一再地被加以重复。"如果"只不过是包含在"生命"一词中的两个字母，但竟然占据了生命的一半。这可能是事实吗？如果真是如此，或是"如果"真的占了生命中的很大比例，那么，我们更有理由对这些不肯定的事物、这些"如果"进行更坚决的控制，并使它们变成肯定，如此就能帮助我们调整到最佳状态。

纽约一位著名的心理医师，前几年在即将结束他长期的职业生涯时指出，他发现很多人都有所谓的"四字箴言"。这四个字就是"如果只要"。"我的很多病人都是为了他们的过去而生存的，没有一个是为了未来而生存的。"他说，"他们为自己在许多状况中没有做到应做的事情而身心痛苦。'如果只要我为面试多准备一下就好了……''如果只要我把我的真正感觉告诉老板就好了……''如果只要我接受过会计训练就好了……'"

　　沉溺于悔恨的大海中，会形成严重的情绪萎缩。对抗的办法很简单，从你的字典中消除这四个字，而用"下次如何去做"来取代。告诉你自己并且时刻强调着"这件事如何才能办成功？""我要如何做，才能把这件事办得更好？""我应该如何去进行？"这样，你的个人力量就有了神奇的重新组合。更重要的是，随着这种个人力量的再改造，你将受到这种强烈刺激的鼓舞，沮丧的心情便会逐渐消逝，经过一段时间之后，你对于困难的情况逐渐可以加以控制了。这就是你应接受的成功秘诀。

　　实行这个简单的办法直到养成习惯为止。永远不要再去回想你已经犯下的错误。当你发现自己仍在想着过去的错误时，你只要告诉自己"下次我要用不同的方式去做"就可以了。你这样做就关闭了过去事情的大门，使你与那些不必要的痛苦隔离开来，而把你的时间和思想用于现在和未来，而不是用于过去。

 ## 做一个健康的"疯子"

　　生活是一种均衡体，谁要是只看到它生趣盎然的一面，他就是一个疯子；谁要是只看到它苦难丛生的一面，他就是个病人。我想，与其做一个自怨自艾的病人，不如做一个健康的疯子，因为如此你的生活会有更多快乐的事情。

　　毫无疑问，总是有这样一些人，他们怀疑或不相信自己拥有不平常的能力，而且更怀疑他们是否能够发展出这些能力，所以他们眼中的生活总是充满抱怨之声。在这样一群人中很有可能就包括你，你可能会对我说："不管你多么赞扬我的价值，但是我根本就没有那份能力。我只是一个正常、平凡的人而已。"对于这样的说法我必须回答你："也许你是很平凡，但不会是正常的，因为'正常（normal）'指的是'标准（norm）'，而标准代表的是成就的一种水准，是由我们自己加以测定的。没有达到你的最佳能力，这就不是正常。因为，如果未达到最佳程度就算是正常，那么我们将很难因为不满意我们自己的现状而得到激励。这正好阻碍了我们进步。"

自我限制就是把你自己禁闭在你自己的心中，也就使你自己放弃了成长的机会。因此，我要劝你尽量避免那种"我是一个平凡人"的自我轻视的想法。相反，你要重新估量你的个性，尝试去做一个充满热忱、自信、健康的"疯子"，这会使你获得更巨大的力量。把你所想的标准，升华到更高的水准，就像是在田径赛中的跳高比赛一样，把指标移到更高一层，使跳高选手能创造更佳的成绩。你永远都能更上一层，因为在你的内心深处，你比你所想象的更伟大。请相信这一点，因为这是一个事实——一项伟大、千真万确、美妙万分的事实，也是积极思想的实践。

著名的奥林匹克金牌得主鲍伯·理查斯，他同时也是家喻户晓、广受爱戴的演说家和作家，专门鼓励人们奋发向上。他曾经指出，所有的奥运冠军都对自己有很大的信心，因此就能产生特别的能力。某些人甚至预先详细说出自己的比赛计划。马克·史匹兹说他要得到7枚金牌。第一次只得到两枚，但到了最后一场比赛，他果真得了7枚金牌。他知道如果运用他的潜力，他就能得到7枚金牌。不仅仅只有马克·史匹兹可以证明这点，还有许多冠军都可以证明这项事实：有一股更伟大的个人力量存在着，在适当的情况下，完全可以把这股力量组成有意义的行动。

 ## 信心的突破

据我的看法，美国有史以来少数几本最伟大最具鼓励性的书籍中，有一本是克劳德·布里斯托尔所写的《信念的魔力》，它是最具科学性和说服力的。我个人认识布里斯托尔先生，而且在这几年当中，我深受此人思想和著作的伟大精神所影响。他真心相信这项精神原则："只要你有坚定的信念，事事皆有可能。"

布里斯托尔在他的著作中，强调由强烈信念所引起的意志力量是很伟大的，而且不致产生愚昧的疑惑。他同时也强调，在实现某一特定目标时，意志会发挥惊人的力量。在达成目标的多项技巧中，有一项是他经常建议使用的，就是取出5张3寸宽5寸长的卡片，在其中一张上面简明而确实地写下你的希望，你全心全意渴望要得到的事物。然后，再把它抄写在另外4张卡片上。把一张放入你的皮夹或钱袋中；另外一张摆在你刮脸或化妆用的镜子前；一张放在厨房水池边；一张放在你车上的工具箱里；最后一张放在你的桌上。每天用心注视卡片，同时把这个心理形象牢牢钉在意识中。想象你的目标现在已经进入实现的过程中。这个方法的效果，可从《信念的魔力》的数万名读者和实行者上得到证明。这本书是表达积极思想的伟大著作之一。

我有一位很有成就的朋友，总是把他成为美国最伟大的新闻发行人之一的成就归功于奥里森·史威特·马登。马登是比较早期但颇有影响力的一位励志作家。我这位多年的好朋友和亲密的同事就是罗杰·佛吉，是美国一家杰出报纸《辛辛那提询问报》的发行人兼编辑。佛吉先生是一位意志坚定、能力很强的公众事务领袖，而且他的超人智慧得到许多人对他极大的尊敬。

有一天，佛吉先生和我一起在"王后俱乐部"（他是这家俱乐部的会长）用完午餐，然后回到询问报办公室。我们在报社大楼门前停下来，我问他："罗杰，告诉我，你是如何成为《辛辛那提询问报》的编辑及发行人的?"

他说："许多年以前，我还是个年轻小伙子，我站在现在这个地方，望向窗内，看到一个男人坐在桌子前，他就是这家报纸的发行人及编辑。从那时起，我就开始想象我自己坐在他的座位上、冠上他的头衔，以及执行他的工作。我突然希望成为一名编辑和发行人。我想象自己正处于那个职位，而且从那时候起，我就辛勤工作，希望达成这个目标。我相信我能够，因此我就成了你一直所提倡和教导的积极思想的一位实行者。"

他接着从皮夹子里取出一张已经发黄，而且多少有点破裂的纸片，这是从马登的著作上剪下来的。他就站在人行道上把那一页念给我听。车辆从他身旁呼啸而过，我想我将永远记得当时出现在他脸上的那种热诚信念的神情，他嘴里所念的词句曾在他年轻时激励过他，并且继续在他那极为成功的一生中不断鼓励着他，使他能把个人力量化为行动。下面就是使他迈开脚步和永远前进的那些有力词句："一个人若是依靠自己、积极、乐观，而且以成功的信心去从事他的工作，他必能成功。他为自己汲取了宇宙的创造力。"

相信就是力量

博维曾说："我们大部分的失败都是由缺乏自信引起的。力量也往往是'不信则无、信则有'，一个人无论多么强壮，如果他对自己、对自身的力量缺乏信心，那么他实际上还是弱小的。"

林肯曾经说："你可以在某一段时间欺骗所有的人，也可以在所有的时间里欺骗某一部分人，但你不可能在所有的时间里欺骗所有的人。"然而，无论在什么时候，我们都无法欺骗自己。所以，要想使你自己真正产生那股潜藏的伟大力量，唯一的办法就是对自己深具信心、坚定不移。

我们有权利按照我们看待自己的眼光来评价自己，我们认为自己有多少价值，就不能期望别人把我们看得比这更重。一旦你踏入社会，人们就会从你的脸上、从你的眼神中去判断，你到底赋予了自己多高的价值。如果他们发现，你对自己的评价都不高，他们又有什么理由要给他们自己添麻烦，来费心费力地研究你的自我评价到底是不是偏低呢？很多人都相信，一个走上社会的人对自己价值的判断，应该比别人的判断要更真实、更准确。

一次，英国首相皮特在任命沃尔夫将军统领驻守加拿大的英军后，刚好有机会领略了一番沃尔夫将军的"自我吹嘘"。这个年轻的军官挥舞着佩剑，不停地敲着桌面，在屋里手舞足蹈，吹嘘着他将要建立的功勋。皮特非常厌恶他，忍不住对坦普尔勋爵说："上帝啊，我居然把整个国家、整个政府的命运都托付给这样的人！"

但这位首相没有想到，就是这么一个喜欢自我夸耀的年轻人，会不顾自己重病在身，从病床上起来指挥部队，在亚伯拉罕高地赢得了辉煌的胜利。其实，他的自夸是对他未来所能达到的高度的一种预言。

一个过于自我中心主义、过于自以为是的人，常常让我们感到不舒服，但这往往是一种自信的象征，表示他们心中相信自己能够达到那样的水平。伟人无一例外，都对自己拥有超乎常人的信心。英国诗人华兹华斯毫不怀疑自己在历史上的地位，也不避于谈论这一点；但丁也预见到自己将来的名声。恺撒一次在船上遭遇暴风雨，艄公非常担心，恺撒说："担心什么？你是和恺撒在一起。"

自我中心主义在上层社会也非常常见，它可能也是一种必然。命运给我们在社会等级上安排好了一个位置，为了不让我们在到达这个位置之前就跌倒，它要让我们对未来充满希望。正是由于这个原因，那些雄心勃勃的人都带有过分强烈的"自以为是"色彩，甚至到了让人难以容忍的地步，但这却让他自己获得了继续向前的动力。一个人的自信正预示着他将来的大有作为。

德国哲学家谢林曾经说过："一个人如果能意识到自己是什么样的人，那么，他很快就会知道自己应该成为什么样的人。让他首先在思想上觉得自己的重要，很快，在现实生活中他也会觉得自己很重要。"

对一个人来说，重要的是我们要能够说服他相信自己的能力，如果做到这一点，那么他很快就会拥有巨大的力量。

"固然，谦逊是一种智慧，人们越来越看重这种品质，"匈牙利民族解放运动的领袖科苏特说，"但是，我们也不应该轻视自立自信的价值，它比其他任何个性因素都更能体现一个人的英雄气概。"

英国历史学家弗兰德也说："一棵树如果要结出果实，必须先在土壤里扎下根。同样，一个人也需要学会依靠自己，学会尊重自己，不接受他人的施舍，不等待命运的馈赠。只有在这样的基础上，才可能做出任何现实上的成就。"

"依靠自己，相信自己，这是独立个性的一种重要成分，"米歇尔·雷诺兹说道，"是它帮助那些参加奥林匹克运动会的勇士夺得了桂冠。所有的伟大人物，所有那些在世界历史上留下名声的伟人，都因为这个共同的特征而同属于一个家族。"

从思想上相信自己吧，只有这样才能够让你感觉到自己的能力，思想常给你的这种力量是其他任何东西都无法替代的。而那些软弱无力、犹豫不决、凡事总是指望别人的人，正如莎士比亚所说，他们体会不到也永远不能体会到，自立者身上焕发出的那种荣光。

 ## 满怀信心可消除自卑

对自己若缺乏信心，你就不可能成功、快乐。自卑感会阻碍你达成愿望，反之，自信却可以把你推向成功的巅峰。

相信自己，信任你自己的能力。这种心态重要极了，因为这些都是你无需向外索求的成功资本，你若不去探求发掘这些资本，你也就放弃了成功。

消除自卑感——也就是深度自疑症——的最大秘诀就是将脑子填满信念。培养对自己的信心吧，这样一来，你将会有无往不利的人生。

本章末尾列了10条如何克服自卑感、培养信念的规则。勤练之下，再深的自卑感都能化解，自信将油然而生。

不过我要声明：若想建立自信心，先向自己暗示自信的念头很有效。假若你心中总是被不安全和缺陷等念头所侵占，让这些杂草主宰了你的思想，你就必须给自己另一套比较积极的思想，这需要你反复暗示自己，才能够做到。人每天为生活忙碌，若想使心灵成为动力来源，就需要进行思想训练。即使在工作之中，也可以将信心念头驱入意识。有人曾经做到这一点，我来说说他的故事吧。

一个冰冷的冬天早晨，一个男子到中西部某城市的一家旅社来找我，要带我到35英里外的另一个小镇去演讲。我坐上他的车，在滑溜溜的路面上疾驶。我告诉他时间很充裕，不妨慢慢来。

他答道："别为车速担忧。以前我自己也充满各种不安全感，可是我一一克服了。当时我什么都怕。我怕搭汽车，也怕搭飞机，家人若不在，我总要担心到他们回来为止。我老是觉得一定会出什么事，生活得紧张兮兮。那时的我满怀自卑，缺乏信心。这种心态使得我的事业不太成功。可是我学会了一个了不起的方法，所有不安全感一扫而空。现在我活得充满信心，不只对自己如此，对生命的一切也大致如此。"

谈到这个"了不起的方法"，他指指仪表板上的两个夹子，并伸手从一个小盒子里拿出一叠小卡片，从中选了一张，插在夹子下。那上面写着"只要有种子般大小的信心……没有什么事是不可能的"。他一面开车一面抽掉这张卡片，手在卡片中翻捣，选出另外一张，放在夹子下。这张写着"上帝若帮助我们，谁能阻挡我们呢？"

他解释说："我是个推销员，每天的工作就是开车拜访顾客。我发现开车的时候脑中会闪过各种念头。假如是消极的念头，当然对我不利，我以前就是那样。我驾车时老想着恐惧和失败，难怪销售成绩不好。自从我使用了这些卡片，并背诵上面的箴言，我改用另一种方式来思考。你猜怎么了？往日萦绕心头的不安全感都神奇地消失了，我不再有恐惧、失败和无能等念头，反而满怀着信心和勇气。这个方法使我整个变了一个人似的，实在太棒了。它对我的业务也有很大的帮助，如果心中老是想着我卖不出去任何东西，销售又怎能成功呢？"

他用的方法的确非常实用。他在心中肯定了自己存在的价值与意义，思想遂完全改观。他不再受长年存在的不安全感支配，潜力发挥无遗。

 ## 怎么想就会怎么做

安全或不安全感其实都是我们脑子里想出来的。假若我们心中一直想着不祥的可能，一定会感到不安。更严重的是，我们很容易幻想出令自己担心的情境。那位推销员便深知这一点，于是他在自己的汽车驾驶座前放着一些写着激励自己话语的小卡片，借此培养自己的勇气和信心，这种方法果真改变了他自卑的心理，并创造出积极的思想，不但使自己更冷静地思考问题，而且在事业上取得了巨大的成功。

缺乏自信显然是现代人最大的困扰。某所大学曾调查过600名学生令他们最感到困难的问题，其中有超过75%的人写出"缺乏信心"。我们可以认定一般人的情形也差不多。我们到处可以碰见胆怯、不敢面对人生、怀疑自己能力的人。他们打心眼里不相信自己有负起责任的能力，不相信自己能实现梦想，于是他们只得满足低于自己天赋的成就。成千上万的人委屈度过一生，其实这些情况完全可以改变。

人生的打击、困难、问题……会削减你的活力，使你疲惫而灰心。在这种情况下，真正的能力往往被掩盖了，人会屈从于非必要的沮丧感。重估你自己的能力非常重要。若能以合理的态度来看它，你会相信自己不应如想象中那么不得志。

有一位52岁的男人来找我谈话。他意志消沉，自称"一切都完了"。他说他一生努力所得的每一项成果都垮了。

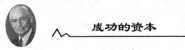

"每一项？"我问道。

他说："每一项。"他反复地说他完了。"我什么都没留下，样样都丢了。再也没有希望了，我年纪太大，不能从头开始。我已经失去一切信心。"

我很同情他，可是他的问题主要在于他的心已被绝望的阴影占满，这阴影蒙蔽了他的视野，使他的能力萎缩，自觉无能为力，无计可施。

我说："我们拿一张纸，写下你尚存的资产吧。"

他叹了一口气说："没有用的，我什么都没留下。我刚才已经告诉过你了。"

我说："我们不妨试试嘛。"然后我又问："尊夫人是不是还和你住在一起？"

"当然，她真了不起。我们结婚 30 年，无论环境多坏，她绝不会离我而去。"

"好，我们记下来——尊夫人还跟你在一起，无论如何不会离你而去。儿女呢？有没有儿女？"

他答道："有，我有三个小孩，他们都很不错。他们对我说：'我们爱你，我们会支持你。'我好感动。"

我说："好，这是第二项——三个子女爱你，愿意支持你。有没有朋友？"

他说："有，我的确有几个好朋友。我得承认他们可真是好人。他们曾表示有心帮忙。可是没有用，他们什么也帮不上。"

"这是第三项——有好几位朋友肯帮忙，你们交情不错。你的品德如何？有没有做过不正当的事？"

他答道："我的品德没有问题。我坐得端，行得正。"

我说："好，我们把它记下来，列为第四项——廉洁正直。你的身体如何？"

他答道："我很健康，很少生病，体格还不错。"

"第五项——身体健康。美国怎么样？你认为她仍然有希望，能够提供国民发展的机会吧？"

他说："是的，这是世界上我唯一向往的国家。"

我说我们可以把刚才想到的资产列成单子：

1. 一位了不起的妻子——你们已经结婚 30 年；

2. 三位愿意支持你的孝顺子女；

3. 愿意帮你忙的好朋友们；

4. 廉洁正直，问心无愧；

5. 身体健康；

6. 生活在充满机会的国家里。

我把单子推到他面前。"看看这个。你的资产还不少哩，也许情况还不太糟。"他沉思道："只要我有信心，也许我可以从头开始。"

啊，他有了信心，而且准备重新开始。他改变了心态，信心扫除了他的疑虑，体内遂迸发出克服困难、甚至进一步发展所需的能力。

态度比事实更重要

这件事证明了精神病学家卡尔·梅宁杰博士所说的一句话："态度比事实更重要。"这句话很值得反复思索。我们所面对的现实无论有多么艰辛，甚至似乎毫无指望，都不如我们对此事的态度来得重要。你采取行动之前，你对事实的看法也许会先击败你。说不定你还没着手改变，就先让问题压垮了。反之，自信和乐观的思想都能克服困境。

我认识一个人，他是公司的瑰宝，并非因为他能力超群，而是因为他的思想积极。譬如同事们对某件事持悲观的态度，他就使出"真空吸尘器手法"。也就是说，他以一连串问话"吸出同事们心中的消极思想"。接着他静静提出积极的想法，最后他们终于采取了新的观点。这里的差别就在于对自信的态度，而这并不能影响事实评估的客观性。有自卑感的人凡事都抱着失望的心态。矫正的方法在于培养公正的观点——"公正"往往偏向积极的一面。

所以你若有挫折感，对自己的能力失去信心，请你坐下，拿一张纸列出所有对你有利的因素。假如你我或任何人经常想着对我们不利的因素，会把它夸张到不合理的程度。反之，你若在心中描摹、肯定你所有的资产和优势，一想再想，加强到最大程度，那么无论什么困难都能克服。

自信是依赖你心中常驻的思想类型而定的。整天想着失败，你很可能遭遇失败。练习有自信的想法，养成习惯，无论发生什么困难，你都能克服。自信

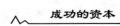

心能诱发力量，而且与日俱增。巴西尔·金恩曾说："胆子放大些，自有巨大的力量来相助。"这话不假。信念影响心态，拥有了自信，你会感觉到有一股巨大的力量正在帮助你。

爱默生畅言过一个真理："自信能胜利的人必获得胜利。"他还说："面对害怕的事，拥有自信的人会使恐惧消失。"

培植对自己的信心，并形成一个坚定的信念吧，这样恐惧马上就会失去主宰你的力量。

伟大的史东威尔·杰克逊在一次作战中，打算要突袭敌军，他手下的一位将军立刻反对："我怕这个"或"我担心……"杰克逊把手搭在他的肩头说："将军，千万别找你的恐惧商量。"

我建议每一位长期受不安全感的恐惧折磨的人，主动去阅读那些有关勇气和信心的语句，并把这些话背下来。这样在你脑中将充满着世界上最健康、最快乐、最有力的思想。短短数周内，活跃积极的思绪便会使你由畏缩绝望变得神气勇敢。

 ## 建立信心的 10 条规则

一个人能不能成功的决定因素，不在于他拥有多少条件，而在于他如何评估自己、期待自己；这种自我评估，也决定别人对他的评价。所以要对自己深具信心，发挥你独特个性的力量。如何建立自信呢？下面是 10 条简单而可行的规则，成千上万的人采用之后都获得了成功。采取这些规则吧，你也能对自己信心十足。

1. 构思你自己成功的心像，牢牢印在脑海中。不屈不挠固守这幅心像，不容它褪色。你的脑子自然会产生出具体的画面。不要怀疑心像的真实性。这样最危险，无论情况显得多糟，请随时想象成功的画面。

2. 每当消极的想法浮上心头，请马上采用一个积极的想法来与之对抗。

3. 有意忽视每一个所谓的障碍，把阻力缩小。研究困难，做有效的处理，消除它，千万别因恐惧而把问题看得太严重。

4. 别过度敬畏别人，培养一种"自以为是"的心态。没有人能比你更好地扮演你的角色。请记住：大多数的人虽然外表看来很自信，其实往往跟你一样害怕，一样不信任自己。

5. 每天念 10 遍下面的积极语句："如果上帝帮助我们，谁能阻挡我们呢？"（暂时别往下看，充满信心地复述这句话。）

6. 找一个专家帮你找出自卑的主因。由童年研究起，认清自己对你有帮助。

7. 如果遇到困难、遭到挫败，要拿出一张纸列出所有对自己有利的因素，这些因素不但可以让你变得积极，而且更能使你冷静、客观地面对问题。

8. 正确评估自己的能力，然后再将它提高 10%。别太自负，但要有足够的自尊。

9. 相信你的能力无限大。时刻不要忘记接受积极的思想，不给空虚、沮丧、疲倦留有侵袭的时间。

10. 提醒自己别和你的恐惧商量如何去做，而是采取主动积极的态度去分析问题、解决问题。

上述那个沮丧的推销员，在不知不觉中运用了这些惊人的资源。结果，他的个性在不知不觉中经历了戏剧性的改变。很久以来一直埋藏在他体内的那股力量，现在随着令人难以置信的有效行动而源源不断地表现出来。他变成了一个百分之百的新人，重新改造使他充满活力。他那些一直处于冬眠状态的个人力量，被释放进入行动中，而且并不是暂时性的。这些重新被激发的力量如此强烈，因此它们可以不断地重新补充。所以，就像马莱斯博士在本章一开始所说的："鼓舞和刺激，完全就像是食物。你必须每天吃适量的食物，否则，空虚、疲倦、沮丧、缺乏野心和渴望成功的感觉，将很快地不请自来。"

第三章

为"不可能"重新定义

> 值得存在的生活是需要假设，如果不假设，最不可能有结论。
>
> ——桑塔耶那

> 一个没有希望的人，就像一具活僵尸，所以人只要活着就不能放弃希望。能从绝望的处境中逃脱的人，必能成就一切。

> 你不要让任何事情使你跌倒，但如果你已经跌倒了，你更不要让任何事情使你永远爬不起来。

英国政治家迪斯累利曾说："绝望是愚者所下的结论。"

歌德也曾说："能从绝望的处境中逃脱的人，必能学会坚强的意志，所以不要只是一味地烦恼，应立即采取行动，使自己从绝望中逃脱出来。你要相信新的一天会将你带到新的地方去。"

当一个人处于绝望之际时，是没有时间让他唉声叹气的，只有让他自己坚强地站起来，从绝望的处境中逃脱出来。

一个没有希望的人，就像一具活僵尸，所以人只要活着，就不能放弃希望，应该努力设法脱离绝望的处境，只是一味地唉声叹气，事情是永远也不会出现转机的。

 ## 去掉不，就是可能

真正伟大的可能，排除并且取代了悲哀的不可能。因此，假如你不愿意被"不可能"这三个字所征服，那么将它们从字典里剔除吧。积极的思想将协助你摆脱使你感到绝望的困境，而且以后永远不再遭遇困难。且让我告诉你关于佛瑞和珍妮佛的一个故事，他们遭遇了困难，他们欠下了一大笔债，而且他们所经营的那家小小的服装店，生意清淡。

当时正值经济极为不景气的时期，他们所住的城市也没能逃脱经济危机的厄运。他们附近的店铺全部关了门，看来他们的厄运也为期不远了。他们账簿上欠账的数目加起来是如此庞大，而他们的收入却又如此少，除非奇迹发生，否则他们是无法还债的。

有一天早晨，佛瑞和珍妮佛忧愁地坐在他们的办公室里，再度把他们的账单和未付的款项检查一遍。店里一个顾客也没有，显得十分冷清，他们倍觉束手无策。

然而有件颇令人料想不到、但很值得高兴的事情发生了。他们的一位朋友，同时也是一位在化学研究上极有名望的科学家，正好从附近的街道上走过。他突然心血来潮，决定去看看佛瑞和珍妮佛。

这位科学家朋友发现，这对年轻夫妇情绪沮丧且焦急。他提出一个实际上不必发问的问题："生意如何？"对于这个问题，佛瑞拿起一张纸，在上面以大大的字母写下"impossible（不可能）"，然后把这张纸塞到他们这位朋友面前。这位朋友就是亚佛瑞·克里非博士（Dr. Alfred E. Cliffe），这位伟大的科学家仔细打量着那个词，然后若有所思地说："让我们来看看"impossible"这个词，如果你们不愿被它征服，那么就让我们想想应该如何来对付它。"说完之后，他拿起一支铅笔在纸上画了两道斜线，一道画在 i 这个词母上，另一道画在 m 这个字母上。因此，现在这个词看起来就像是这样子：possible。在去掉 im 之后，possible（可能）这个词就显得既清楚又突出。他说："如果你们不认为任何事情都是不可能的，那么，就没有任何事是不可能的。你们觉得如何呢？让我们只看到 possible 这个词。我们可以把积极思想应用在你们的情况中。"

克里非从一叠已准备好寄给他们顾客的账单中，拿起最上面的一张发票。"约翰·阿波特，"他问，"你对阿波特先生有何了解？他是否有妻子和孩子？是否知道他的生意做得如何？""我怎么知道？"佛瑞不满地嘀咕着，"他只是一个顾客，而且付款一向很慢。"

"我告诉你怎么办。"克里非说，"从电话簿上找出他的电话号码，打个电话给他，以友善的态度问他情况如何，现在就这么做。"

佛瑞很勉强地照着朋友的指示做了，并且跟对方谈了一会儿，从他脸上浮现的笑容来看，这次谈话显然十分愉快。"他似乎很高兴，"他说，"而且对于我的问候感到惊讶。他问我们的情况怎样，我告诉他，我们正在收欠款，并付一些账款给别人。他说，他的情况也是一样，他接着强调并没有忘掉他欠我们的钱，不过，我一再向他说明，我打电话给他并不是为了讨债。"

然后，克里非提议说："现在，让我们来想些主意。有足够的钱买一罐油漆吗？"

"有啊！我们还不至于那么潦倒。"佛瑞不高兴地说。

"嗯，你们可以把店铺内部重新粉刷一遍。然后刷洗那些橱窗和展示架，直到它们闪闪发亮为止。为天花板上那些美术灯换上一些新的灯泡。最重要的是，在你们脸上挂出微笑，在店里等待顾客上门。当人们来时，以真正友善的态度去迎接他们。不断地把事情认为是有可能的。永远除掉那个不可能的概念。当然这并不很容易，但按照我的话去做，你们就能一帆风顺、勇敢地朝前进。"

在一个月内，这对年轻夫妇收回了不少欠款，足够使他们渡过难关。慢慢地，他们开始有了收益，他们终于渡过了不景气的难关，而这完全是因为他们采纳了一位老朋友聪明的建议，并且对"不可能"这个词采取新的看法。

过滤你的言语

要使自己得到鼓励，强烈的鼓励，有一个很实用的方法，就是检查你通常使用的语言和文字。一个字，或是字的组合，是组成一个思想的象征。因此，一个人很容易在他的言语中，透露出他思想中的基本概念。思想永远会通过习惯性的使用言语加以表现。如果你希望知道某个人到底真正在想些什么，你只需注意聆听他平时所使用的习惯性语句。而且，若是想知道你自己的精神为什么有衰减的倾向，就必须仔细研究你在每天的交谈中，习惯使用哪些沮丧的语句。爱默生曾经说过："用刀割一个重要的字，会使它流血。"这就是说，语言和文字是有生命的，并且拥有创造或毁灭的能力。

在所有常被使用的消极性语句中，最具力量的当然就是"impossible（不可能）"这个词了。因为使用这个词而失败的人，比使用任何其他词而失败的人更多。

"这是不可能的"这句话能挫人志气，给许多本来可以成功的计划泼了一盆冷水。因此，最重要的，就是把"不可能"这个词从日常谈话中除掉。这样，当你受到鼓励去达成某些目标或是向你自己发问时，不可能的观念将不再有足够的力量去干预你积极的行动。你将能够不断保持有力的进取心，有一股令人兴奋的力量将不断补充、再补充你，而且这股力量不会衰退，反而将成长得更强壮、更活泼。

如果你检讨一下你过去所表现的那些虚弱的热忱，你可能会对我上述的说法表示怀疑，或是不相信。"不可能"这个词立刻会闪现在你的脑海中。你也许会抱怨："要我把一个向上、积极的态度一直保持在一个固定的水准，这是不可能的。要保持积极向上的情绪，而使它能够控制我的一切行动，使我能够面对不断出现的一切困难，并保持前进，这是不可能的。"如果你的观点是这一类型的，这就表示你需要对"不可能"这个词，以及它所代表的失败概念，做一次正面的攻击。

在英文中，最悲哀、最邪恶的词句是什么呢？美国诗人惠蒂尔（John Greenlea Whittier）的答案是：

在口舌和笔墨所使用的各种悲哀语句中，

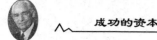
最悲哀的就是这——

本来可能会如此！

这确实是一个很悲哀的句子。但还有其他跟它相似的候选者。而事实上，"不可能"这个词是英文中最悲哀的词。很不幸地，这个词却深深印入许多人的意识中，不断提醒他们：他们办不到；他们无法成功；他们没有希望。因此，他们被那些夸大的、令人感伤的、所谓的"不可能"打败了。

对于这些大障碍，这些庞大、幻想出来的"不可能"，我们应该怎么办？你最近说到"不可能"这个词是在什么时候？你是否打算无精打采地屈服在"我的情况是不可能的"这个念头下？你打算让它打败你？这是一个十分重要的决定，决定你应该如何对付这些所谓的"不可能"，它已经污辱你、打败你很久了。

对你目前的"不可能"采取一个新的看法吧，以积极思考的方法去处理它。

大文豪爱默生说过："信任自己是成功的第一秘诀。"这句话说得一点也不错。某些人却往往把成功和"幸运"相提并论，他们认为胜利者往往就是那些"幸运者"。

我并不相信"幸运"，而且我认为这是一种很危险的想法，因为一个人一旦相信自己"运气不佳"，很可能就会放弃在生活中的奋斗。不错，某些日子确实比其他日子更为好过，事事也比较如意，但从长远的观点来看，所谓"幸运"是不足为训的。那些认为自己运气很好的人，往往等待别人来帮助他，而不会对自己产生信心，并因此而采取主动。

我在前面已经谈论过成功的几项要素，但还有一项最基本的要素——信任你自己，你将获得成功。并且，时刻牢记这个惊人的说法："你们若有像一粒芥菜种般大小的信心……"你可曾看过芥菜种子？把它放在你的手掌里，一阵微风就能把它吹得无影无踪。它是很小的，因此，即使你只拥有像芥菜种子那般微小的信念，只要这股信念是真的，那么，你就没有一件不能做到的事情——我们确实相信，没有任何事情是"不可能"的。

以成功者的心态自居

在这个世界上，你若是想要过着成功的生活，是绝对可能办到的。

18 世纪英国的大政治家伯基说过："无法付诸实现的事物，是不值得我们去追求的。在这个世界上，若是经过了解以及正确的追求而仍然无法得到的东西，那么这种东西对我们毫无益处可言。"

但是，你必须相信你自己，并且认为你有资格获得成功与幸福。

可是大多数人却无法发挥这些潜在的能力。

今天依然有许多消极的思考者，他们会像传教士那样急于告诉你,这件事并不是如此,而且他们会不断地辩驳，以支持他们的消极观念，因为他们的天性总是喜欢责难积极的思想。为什么？也许是因为他们不希望自己成功。他们乐于被打败，他们拥有失败的意志——一种病态的心理态度。他们也不希望其他人成功。他们希望事情恶化，如此他们就可以更进一步抱怨或批评，或是因为他们把这视为和他们自己的失败形式相等。但是，一个有智慧的诚实思考者，如果他知道了我们的方法曾经在许多以前的失败者身上创造出奇迹，他就会去追求一个精神真理概念。

所以，对这个"不可能"采取一种新的看法吧。在心理上超越它，如此你就能站在高高的位置上，低头俯视你的问题。任何人想要解决问题，必须在他的思想过程中超越问题。这样，问题就不会显得如此令人畏惧。而且他会产生更大的信心，深信自己有能力去解决它。

多年来，我一直努力对人们说出这项事实：人们拥有与生俱来的能力，能够应付和对抗环境加在他们身上的一切打击。有几千人，甚至有几十万人听过我的这种说法，并且热烈地发挥了积极思考的力量。

他们受到鼓舞，精神奋发，对他们来说，生命产生了喜悦的新意义。他们已经发现了那股力量——维持鼓舞前进的美好力量。

当你遇到困难或障碍时，你如何能够维持你高昂的情绪？当某些毁灭性的打击侵害到你的健康、你的力量，以及你的幸福时，利用什么方法可以维持你那奋发的态度？每一天、每一个地方，都有数不尽的人提出这些问题。

奇特·克莱格是我的一位朋友，也是一位虔诚的积极思考者，他总是通过不断地运动来锻炼身体，有时候每周要步行达 100 英里。突然有一天，他的身体发生了剧烈的疼痛，后来他进行了一次大手术。即使如此，他仍然保持着良好的精神状态。"我必须运用我的思想，如此一来，病态的思想才不会像病态的组织那般地在我体内成长。我完全把它控制了。"他很肯定地宣称，"我即将控制一切。"

还有一个人，我总是认为他是这几年来我所遇到的人当中最努力的一个。我当时在奥玛哈，正准备对 2000 多名推销员发表演说，而在我之前发表演说的正是这位著名的心理学家。他无法站立，两条腿都瘫痪了。但是他的头脑并没有瘫痪，因为他坐在轮椅上，发表了一篇极为精彩的演说。台下所有的听众屏息聆听他的演说，他们并不是出于对他的同情，而完全是因为他的演讲太精彩了。他的语气精练、深刻、和蔼、幽默、有说服力。他拥有成为一位有影响力的公共关系者、一位有力的公共演说者所必须拥有的一切特性。

后来，我对他这种杰出的表现发表了评论，并表示了我对他的敬佩。他说："头脑并不是在腿上，而是在人的头部。我的双腿虽然瘫痪了，但我的头脑从来没有停止思考，它从来未曾瘫痪。我已经发现我即使没有两条能够行动的腿，也能够照常生活，因为我仍然拥有一个会思考的脑袋。"

很显然，上面这两个人拥有一颗内在的激励心，一颗天生的上进心，使他们得以克服身体上的缺陷和困难。这两个人对于"不可能"这个词不屑一顾。"不可能？你那是什么意思？"他们每人都这么对我说，"忘掉这个词吧。我只想到'可能'这个词。"他们都曾考虑过"不可能"这个词，但显然对它没有兴趣。

打破你潜在的失败暗流

有思想的人，所要学习的一个主要课程或真理就是，所谓的不可能，对于那些拥有坚定的意志、无畏的勇气和强大的信心的人来说，其实是可能的。人类生存中有一项不可否认的事实：只要是人类可以正当追求的，都有可能获得成功。马尔加斯·奥里欧斯的看法更为有力："不要认为你很难克服的事，对别人来说就是不可能的。你应当这样想，如果有件事情是别人应当获得，而且有可能成功的，那就应该把它认为是你也可以得到的。"一个人可以在脑海中构想的那些事情，运用思想的力量就能达成。英国大作家约翰生宣称："在勤勉和技巧之下，不可能成功的事情少之又少。"波顿·布拉雷以一首韵律诗说出了一切：

有哪条河流是不可能渡过的？

有哪座山峰是无法跨越的？

我们专门克服不可能的工作，

从事"没有人办得到"的事业。

因此，对"不可能"这个词，采取一个新的看法，一个有力的新看法。成为一位专家，专门从事完全不可能的工作，并且保持着积极的思想。

当然，我们并不能彻底地清除生活中的烦恼、挫折和抱怨。因为烦恼、挫折、抱怨都是生活的一部分，但我们可以控制它，却万不可纵容它，否则，它将变成生活的全部。

让我们来看看印度阿鲁瓦里亚少校的例子，他曾经攀上过世界最高峰——珠穆朗玛峰。当他站在那个雄伟而庞大的高峰上时，心中的那份喜悦是无法言表的。但是，现在的阿鲁瓦里亚少校甚至无法从花园爬到他的门口。他在克什米尔被一个巴基斯坦的狙击手击中颈部，而且最令人感到讽刺的是，当时印巴两国已经宣布停火，而且敌对形势也已消失。他现在唯一的行动就是依靠轮椅——这个人曾经拥有强壮的双腿和心脏，也曾经登过世界的最高峰。

但是，这个超级悲剧是否就使他沮丧不已呢？没有。他有克服大悲剧的能力，用他自己虔诚的话语来说，他"攀登了内心的珠穆朗玛峰"。而且，他还表示，经过对自己精神的一场苦斗之后，他已站在他自己的最高峰，这种兴奋狂喜的心情，跟他当年站在珠穆朗玛峰时的兴奋心情完全一样。他戏剧性地证明了，只要一个人已经学到奋发向上的技巧、能力和力量，就没有任何事情能把他真正打败。

也许，在本书的众多读者当中，只有很少的几个人，曾经遭遇勉强可跟阿鲁瓦里亚相比的情况。但几乎每个人都必须应付日常生活中的烦恼、厌倦，以及那些消耗豪情壮志的挫折。在面对许多令人沮丧的难题时，要想维持积极的思想并不是件容易的事。

普通的挫折有时候会以很不寻常的形式表达出来。举个例子，有一位个性懦弱沉默的男子，多年来一直温驯地忍受着他那位暴躁唠叨的妻子。终于，积聚在丈夫胸中的挫折感爆发了。这位苦恼的男士仍然不改他沉默的个性，有一天早上他不说一句话就离开了家里，而且这一去就是 25 年。后来，他又回到家里，现在，这位男子与妻子比以前更容易相处了。至于他自己的反应，并没有报道出来，但是这一次他却长久地住了下来。我是在某个报纸上看到这篇故事的，它道出了人类个性上的缺点——每个人都有失败的暗流。

我在另外一本书中，曾提到一件很奇怪的事件，是关于挫折和愤怒，以及它们的力量。故事的主人翁是位商人，由于他脾气很坏而且缺乏自制力，他常把家里和办公室弄得乌烟瘴气。根据他妻子和办公室同仁的描述，他老是"发怒"。显然是因为他的坏脾气使他的苦恼表现得如此尖锐，因此发怒就成了他的习惯。

但是有一天，"温驯的人也反抗了"。当他又一次在家里大吵大闹，表示他再也受不了，每件事都跟他作对时，他的话尖酸而且充满火药味。这时，反抗终于来临。他的妻子已忍到极点，她的双眼好似冒着火，她一把将他推到椅子里，然后愤怒地站在他面前："现在，你给我好好听着，一句话也不许说。我一直让你大叫、发怒、咒骂，我已经完全受不了。现在该轮到我了，你乖乖坐在那儿听着，等我把话说完。"于是，她开始详细而清楚地描述他已经变成了一个怎样冷酷、暴躁及自私的人。

她说，并非只是某些事情令他烦恼，而是他自陷于烦恼之中，成了自己愤怒情绪的牺牲品，他遭遇挫折就产生愤怒，直到后来，她和所有人都觉得不可能和他相处或是忍受他。

就在他妻子对他训话的时候，突然间，她似乎从他的视线中消逝了。他不再看到她站在他们所在的那个房间，反而，他似乎站在一个陌生的河岸上，河水缓慢流动，在河流中心有一个黑色的漂浮物，甚至是受到排斥的物体，正在那儿急速浮沉。突然间，他恍然大悟，他所看到的是自己内心中的河流，而那个急速浮沉的黑暗丑陋物体，他现在已经明白，那正是他天性中的错误和邪恶。这就是紧张暴躁的来源，除非迅速加以控制，否则最后会把他自己毁灭掉。他对于这一点看得很清楚，没有任何疑惑。

这些景象缓缓消逝，显露出那位极为愤怒的妻子仍然不停地斥责她的丈夫，但是现在她认为他已经恢复了精神。她大为吃惊地闭上了嘴巴。"我已经看清楚了我自己。"他有点儿畏惧地说，"我以前对自己从没有深刻的认识。我现在知道，我必须打破这个潜在的失败暗流。因为从它那儿似乎产生了许多刺激，迫使我变得不合情理。"

这个故事代表了挫折不断积聚起来之后所产生的后果。故事里的这个商人，由于拥有敏锐而不寻常的自知之明，因此恢复了他本来破碎的平衡感。此后，他就根据一个有组织的动机基础来做事，他的个性恢复了正常。他对挫折和愤怒因素产生了新的控制力，这使他能够得到坚强的信心，认为没有任何事情能够打击他。

 ## 矮子成了巨人

如果你认为自己虚弱、不正常，而且缺乏站起来面对生活挑战和困难的能力，那么，你对自己的看法是错误的。你并不是自己想象中的那般无用或缺乏力量。事实上，这种假设是非常危险的，因为它很容易变成事实。如果你继续保持这种想法，你很可能就会建立对自己不利的情况了。这种自我限制和自我歧视的过程，虽然很少表现在你的外表上，但它确实可以在你的意识中发生作用。而且在经过强调和再强调之后，它可经由心理渗透进入下意识中，而在那儿这种自我轻视的想法将主宰你的全部。

结果，这会导致个人试图贬低造物者安排的那个在每个人心中的巨人。因为在每个人心中都有一个巨人，没有任何人能够使这个巨人弯下身子，除非这个巨人自己一直这么做。

威尔·贝尔兹刚由欧洲抵达美国的时候，个性十分自卑。他的身高矮得十分不正常（只有4英尺多一点点），因此造成他很深的自卑感。威尔，30岁，瑞士人，他准备在美国这块土地上开创一份自己的事业，但一开始，他发现情况并不顺利。

他别扭的英语总会惹来人们的笑声，而他矮小的身材更是经常给他带来困扰。他在搭巴士时，搭不着巴士的台阶，只好跳上去。他到一家店铺买衣服，却被带往童装部。

有一天，威尔·贝尔兹独自一人在一家餐馆吃午餐，一位来自马伯大学的年轻人邀请他参加当地的一个青年社团。他接受了邀请，并且在那里得到了社团团员们的鼓励和支持，而不是他所惯于接受的奇异眼光。但是自卑个性的消除并不是在一天之内，或是一个月内就可办得到的。

某个晚上的一次会议上，是威尔由自卑走向自信的关键性转折点。一位社团的成员在会上发表了令人信服的演说，演讲的主题是"上帝为我的生命拟定一项计划"。威尔对这个主题有某些疑问。"你真的相信，上帝对我这样矮小的人，也拟定了计划吗?"他怀疑地问。

"当然，上帝对我们每个人都订有一个计划，对你也是一样，威尔。问题是，首先你必须愿意接受你自己和你从事的任何工作。"

在跟这些精神活泼、积极进取的年轻人的聚会中，许多人都告诉威尔，身材高矮、肤色或残疾，完全不能影响一个人的做事能力和效率。

受到这些鼓励之后，威尔开始学会更为积极的思想，他学会了如何利用积极的原则来改变自己的生活。他不再试图使自己迷失于人群之中，开始把自己看成和大多数人一样的普通人。他自愿为教堂工作，同时也鼓舞他人，并且协助每个人发挥自己个性中的最佳能力。渐渐地，好运气开始降临在威尔身上。他摆脱了自卑感，成为一个开朗的人。几年后，他得到了一个非洲教育机构的行政工作。

威尔在这个职位上不断地成长又成长，在他手下工作的一个职员曾这样写着："如果我们能有更多像威尔·贝尔兹这样的人，这个世界将不知道会变得多么美好。他的体格也许很矮小，但在协助其他人发现他们自己的能力时，他实际上就是一个巨人。"

在威尔内心一直有一个巨人存在，只是未曾被发觉而已。当威尔开始抛弃自卑的自我时，这个巨人终于出现，使他的主人拥有伟大的奋发心和力量，而且不断维持着积极原则，进而影响到他所遇见的每个人。同样地，你内心中也有一个巨人。当这个巨人发挥威力时，没有任何事情能令你气馁，永远没有。

徒步横跨非洲大陆的少年梦

当你内心中的那个巨人疾步奔跑起来并爆发他的力量时，你将不再会被消极和自卑的思想所妨碍。当你对自己怀有充分的信心时，你就可以从事你所决定要做的任何事情。你在全心全意建立起一种"一心一意"的态度，并且全面发挥积极原则之后，你就能够从事令人难以置信的事情。奇怪的是，有某些怀疑论者往往容易轻视像这样的说法："几乎你所有决定的事情，你都可以完成。"事实上，我倒很想把"几乎"这两个字弃掉，尤其是当我回忆起黎格孙·凯伊拉的惊人故事的时候。凯伊拉是非洲一个小村落的一个十几岁的青年，他徒步横越非洲大陆，最后前往美国西海岸，我们还是让他自己来诉说他的故事吧。"徒步到美国"，他如此称呼他这个令人难以置信的故事。

我母亲并不知道美国在哪里。我对她说："母亲，我想到美国去上大学。你答应我去吗？"

"很好，"她说，"你可以去，什么时候动身呢？"

我不希望让她有时间去发现美国是在很遥远的地方，因为我害怕她会因此而改变主意。于是，我说："明天。"

她说："我准备一些玉米让你在路上吃。"

第二天，我便离开了非洲尼亚沙兰北部的老家。

我知道，要到达我的目的地，必须经过一个大陆和一个海洋，但我并不怀疑我无法到达。我记不清楚我当时是十几岁，像这类事情在时间永不变动的一块土地上，是没有多大意义的。我想，当时的我大概是16岁或18岁吧。

从传教士那儿，我明白了我并不是环境的牺牲者，而是环境的主人。我明白我有义务尽我的能力去改善自己，还有他人的生活。而要达到这个目标，我需要接受教育。我阅读了林肯的生平故事，而对此人产生敬爱，他忍受着那么多的痛苦，去解救他国家里受奴役的人们。我也阅读了黑人教育家布克·华盛顿的自传，他自己出生于一个美国奴隶家庭，后来得到荣耀和成就，为他的国家和他的同胞造福。

我渐渐了解，我也应该争取学习和成长的机会，使我自己具备跟我家乡那

成功的资本

些人互相竞争的能力，并且跟他们一样，成为一名领袖，甚至可以成为我们国家的总统。

我想我首先要到达开罗，并希望从那儿搭船前往美国。开罗远在3000英里之外，我无法了解这距离究竟有多远，我傻傻地认为我可以在四五天内走到。但在四五天之内，在距离我的家乡大约只有70多英里的地方，食物吃光了。我身无分文，我不知道该怎么办，只知道我必须再向前走。

我创造出一种旅行方式，这种方式就成为我一年多的生活方式。村落与村落之间的距离通常是五六英里，而且走的是森林中的小路。我会在下午到达一个村落，请求我是否可以通过工作来获得食物、饮水以及睡觉的地方。如果有这种机会，我就留下来过夜，然后在第二天早上向第二个村落出发。路上总有各种各样的困难阻碍我的进程。森林中有许多我所害怕的动物，而且事实上，我手无寸铁，对它们完全没有任何防卫力量。虽然我在夜间会听见它们的叫声，但它们从没有向我逼近。

一年后，我已步行了1000多英里，来到乌干达。在那儿，有个家庭收留我，我还找到了一个制砖的工作。我在那儿待了6个月，把我所赚的钱大部分寄回去给我母亲。

在乌干达首都坎帕拉，我无意中看到一本美国大学指南。我随意翻阅，看到了"史卡吉特谷学院"的校名，这个大学位于华盛顿的维农山。我曾听说美国大学有时候赠送奖学金给优秀的青年，于是我就写了一封申请信。我明白我也许会遭到拒绝，但我绝不会气馁。我将按照列在指南上的学校，一家家写信去申请，直到找到一家愿意协助我的学校为止。

3个星期之后，我得到了奖学金，并且得到保证说，学校一定会帮助我找到一个工作。我大喜过望，立刻前往美国机构，但他们却告诉我这还不够。我需要一份护照和来回的旅行费用，如此才能申请签证。

我写信向我的政府申请护照，但被拒绝了，因为我无法告诉他们我的出生年月日。于是我写信给曾在我童年教导过我的传教士们，经由他们的努力，我终于得到了出国护照。但我仍然得不到签证，因为我无法筹措起那笔费用。

我依旧意志坚定，又恢复了我的旅程。我怀有极为强烈的信心，于是我用我最后的一笔钱买了我生平的第一双鞋子，我知道我不能光着脚走进学院去。我把鞋子放在自己的包里，以免它们磨损了。

我路经乌干达，进入苏丹。村落之间的距离彼此更为遥远，而且村民也不如以前那些人友善。有时候，我必须在一天之中步行20英里或30英里，才能找到一个睡觉的地方或是得到工作赚取食物。最后，我来到喀土木，有人告诉我，那儿有个美国领事馆。

我再一次听到美国入境所需的规定，不过这一次，这一位领事对我大感兴趣，并且写了一封信把我的困难告诉学校，很快地回电就来了。

经过许多个月之后，我穿着我的第一套服装，终于到达史卡吉特谷学院。我向学生团体发表谈话，表达我的感激，并且透露了我希望成为我的国家的总理或总统，我注意到有某些人露出微笑。我怀疑我是否说了某些天真的话，但我并不认为如此。

当上帝把一个不可能的梦想放在你心中时，他是真心要帮助你完成它。我相信这是千真万确的，我这个非洲丛林中的男孩，渴望从美国的大学毕业，并且梦想成为尼亚沙兰（马拉维）的总统，这种梦想也会实现的。

至于故事的后来发展，凯伊拉先生现在仍然很坚强地走着，在他内心巨人的陪伴下，继续向前进。他凭借从来不放弃的积极心态原则，使自己成为英国剑桥大学的政治学教授。他写过一本小说《隐约可见的阴影》，以及一本探讨非洲生活的著作。

你无法达成任何事情，这是什么意思？事情会使你气馁，你这又是什么意思？当你拥有刺激、兴奋、动机，不断向前进，永远向前进，这种情况就不会发生。谨记着这个想法：没有任何事情能令你气馁。如果你认为你气馁了，那么告诉自己——千万不要气馁，应该立刻振作起来。激励你内心的那位巨人，保持前进——不断向前迈进。永远依照积极原则生活，这就是获得成功的真实哲学。

 ## 败将更需言勇

但是，假如你在开始阅读本书之前已经被打倒，并且已经接受你失败的消极思想，认为你将永远爬不起来。这该怎么办呢？改变你的态度，真正地改变。

因此，以后要开始往上看，开始向上思考。开始以一种奋发向上的态度采取行动。并且不断维持着向上的方向，不管这次爬升的坡度有多大或要耗费多久时间。只要你保持着积极的思考，并经常实行积极原则，那么这条道路将很宽阔，你将会到达你所渴望的最高点。有了这份精神，你心中的那个最高峰并不会太远，而且这一次你将会停留在那儿，并将维持这种优势。

有一位朋友，已经52岁了。他是一家基础稳定的制造公司的执行副总经理。他本身是个工程师，同时也有很杰出的管理才能。可是在他的身上却发生了两件对他很不利的事情：当经济不景气时期来临时，一家跟他们竞争的公司有了新发明，使得他们公司的生产线完全停顿了下来。这家公司宣布关闭时，正是就业机会最少的时候，尤其是一个过了50岁的人，更难找到工作。最后，情况越来越糟，只要能找到工作，不管什么工作他都愿意接受。他并不骄傲，他只希望能够工作。事实上，他必须找个工作，他敲了很多家公司的门。"对不起，现在并没有任何工作机会。把你的姓名留下来吧。"就是如此，一天一天地过去。

最后，有一位人事经理在看过他的人事资料之后，有点犹豫地说："你有很好的工作经验。我们现在并不缺人，但不久以后，我们将有一项空缺，职位很低，我相信你可能不会有兴趣。你看问题是你的条件太好了。"

"条件太好，没有这回事。我虽然是个工程师，也可以拿起扫把。我将向你证明，我是本地最好的一个打扫工人。"他真的被录取为管理员的助手了，也就是一名打扫工人。但是，他把他有组织的技术，应用在他的打扫工作上，他十分努力，因为把每件工作都在预定的时间之前完成，然后回去要求指派更多的工作。

后来，他成为那家机构的某部门经理。我上次听到他的消息时，听说他正朝着这个公司的最高职位进军。

你应记住，你不要让任何事情使你跌倒，但如果你已经跌倒了，你当然不要让任何事情使你永远爬不起来。

重新起步

因为在心底深处我们终需坦白地面对自己，大多数人都会面临这个结论：如果我们继续对成功抱着遥不可及的态度，老是跟一些把自己往回拉的人在一起，在生活上不肯做积极的调整，且目光短浅，那么，我们就注定了将来会沉闷无聊，暗淡无光。

失败的哲学永远造就失败的人，这是定理。

可是如果我们愿意做一番选择，胸怀远大抱负，积极发现生命情境中正确的那一面，结交积极奋发的朋友，那我们便可以预见将来必定欢乐幸福，或拥有财富和权势。

赢的哲学永远制造赢家，这也是天经地义的道理。

在《圣经》上，有许多相似的概念，诸如："孩童般的思想"、"常存赤子之心去发掘智慧"，以及"一个孩子将要领导他们"。这些纵贯全书的内容主要是：重建个人的生命——要能精明地设想将来，一个人必须在心境上恢复赤子心态，重新起步。

心理分析学家在帮助人们获取新的重心时，会采取双重步骤：第一，他们帮助其恢复童稚心态，且研究其思想过程如何形成。其次，基于清晰的思路来恢复童心的原则，那么重建个人的思绪、观点以及态度，必定指向积极肯定的目标。

要了解为何及如何重新开始，我们先把人分为两大类：成功者和失败者，然后比较两者对将来的看法。

1. 失败者眼前的未来是可怕的

让我们仔细研究一下失败者的哲学。假设现在有一对叫做"无望"的先生和太太，他们宣布一个孩子的诞生，这是他们的宣告：

出生宣告——"无望"先生暨夫人宣布"永难"的诞生。

这对夫妇宣布"永难"的诞生时，心里并不痛快。他们不愿把他生下来，因为专家预测，未来的世界将有大规模的饥荒，新的疾病流行猖獗，而世界性的经济不景气将造成社会秩序的解体，人类注定了将永远受苦受难。

即使在文明毁灭之前，"无望"先生和夫人也相信，"永难"上街一定会遭人抢劫，走上社会会被敌人烧成飞灰。就算乐观些，这对夫妇看到的将来也仍然是：年轻人找不到工作，没有社会福利，加上一个军事独裁政权。对他们来说，将来唯一赚钱的行业是自杀天堂连锁店，人们可以经济有效地结束悲惨的一生。

因为日益膨胀的世界性灾难，"无望"夫妇加入一些组织，尽量延迟这些必然的灾祸。他们挂在口头上的话是："现在就贮藏罐头食品。""向教堂征税来支付堕胎的费用。""将古柯碱合法化，使未来时代的恐怖折磨减至最低。"

这些宣言听来很遥远吗?并不尽然。它们反映了千百万人悲伤痛苦而惊骇的态度，那些人有意无意地都加入了"战败者"的集团。

2. 黄金时代就在眼前

看过"无望"夫妇的失败哲学之后，我们再来看看成功者"多乐"夫妇的哲学又是如何。同样地，他们也有一纸出生宣告：

出生宣告——"多乐"先生暨夫人宣布"伟时"的诞生。

对于"伟时"的诞生，"多乐"夫妇满怀感激与欢乐，因为"伟时"出生在黄金年代的门槛上。食物充足，那些致"伟时"的祖先于死地的疾病——白喉、结核、小儿麻痹和许多其他疾病都绝迹了，新的发明会给人类带来更长的寿命，而伟大的太空探索则保证带给人们意想不到的好处。

比起前人来，"伟时"有更多的选择，生活方式广泛而自由。25年前的人，只有一半的工作机会可以选择。

的确，"伟时"生来就背负了一部分的国家债务——大约是其中的6000美元。可是在另一方面，他也生来就享有不止10万元的国家财富，包括水坝、海港、学校、公共土地(64亿英亩)以及其他先人牺牲奉献留下来的资产。

至于"伟时"的自由，是世界上最开放、最完善的宪法所保障的。

的确，那些有远见的人目睹黄金时代就在眼前。不管我们是否能够享受，这一切纯粹是一种个人的选择而已。

新的开始带来全新的成功

一个新的起步，很可能是你一生中最刺激、最富挑战性、最有价值的行动。不妨试试看，只要：

1.先往后退，让简单的智慧指引你；

2.重建生活，指向你想要的目标。

用"正确开始"先生的再生宣言作为指引：

特殊宣告——"生而失败"先生宣告他的再生为"正确开始"。

嗨! 来见见崭新的我。我之所以挑"正确开始"这个名字，是因为它正说明了我要做的事——善用机会，选择正面的朋友，同时多想想我做的每件事。看着我，记得我是全新的人，我是正确的开始。

世界丰盈富足，我将致力于成功，与人分享，我会很高兴地去赚更多的钱，累积更多财富，结交那些也想过得更好的新朋友。最重要的是，我将致力于使那些需要我的人尊敬我、仿效我的榜样。

在开始新生活的同时，我要向那些陈词滥调告别，像"不可能"、"满足现状"、"选择小的目标，因为你无法成大事"、"只有欺骗才能登高位"、"你是个好人，然而没有得到应得的待遇"……总之，一切都让它随风而去吧!

在新的起点上，我立誓要成为自己生命的主宰。而这番决定令我意气昂扬，也对周围的亲人充满友善。

第四章

永不枯竭的热忱

千万不能失去热忱。我们每个人都应当有一些引以为荣的东西，对那些真正高贵的事物保持一种景仰之情，对那些可以使我们的生活变得充实美丽的东西，永远也不要失去兴趣。

热忱是任何人都应拥有的一项重要个性，没有什么能比充满热忱的生命更接近富于激情的生活了。而且，充满热忱的生命能从这样激情四溢的生活中获得最好的东西。

"**没**有热情，成不了任何大事。"大作家爱默生这么说。

哥里基也曾说："如将工作视为义务，人生就成了地狱；如果将工作视为乐趣，人生就成了乐园。"

如果你抱着做工的态度去做事，表示你是不得不做，你当然也可以做得很好，但是会觉得时间过得很慢；用快乐的心情去做，会做得事半功倍，时间也过得比较快；如果用全部的热情去做，表示你完全投入，你不仅做得很好，而且比任何一次都理想。至于时间怎么样呢？不但不会觉得难过，还会巴不得有更多的时间去做。

假使你知道热情为什么可以帮你创造更大的成就，才会明白我这么重视它的原因。

我不想说得太深入，现在来谈谈潜意识，以及热情如何激发人的潜意识。

在这里我先提出两个原理，可以帮你了解下面所有的内容：

1.潜意识是记忆的仓库；

2.潜意识具有独立于意识之外的刺激能力。

我们大部分的想法都没有什么意识，它们在意识里流来流去，意识并不特别注意它们。

热情则是一种催化剂，会加速某一特定目标的反应，它会充分利用仓库里的记忆，经过它的推理能力来做决定，再采取行动。

举个例子来说明：一个人接到与平常不一样的任务，他以前没做过这种工作。他把这种任务看成一件工作，于是带着习惯的疑虑去从事，结果当然做不好。

另一个人也接受同样的任务，但他的想法不同。他把它看成一个挑战，他知道他"可以"做得尽善尽美，他抱着热情去努力，因此做得很理想。

"热情不仅能够鼓励，还能够引导。"

只要你具备追求成功的意志和正确的方向，你就可获得成功的最大力量。

 ## 热忱是开动潜能的原动力

热忱是一种意识状态，能够鼓舞和激励一个人对手中的工作采取行动。而且不仅如此，它具有感染性，不只对其他热心人士产生重大影响，所有和它有过接触的人也将受到影响。

热忱和人类的关系，相当于蒸汽机和火车头的关系，它是行动的主要推动力。人类最伟大的领袖就是那些知道怎样鼓舞他的追随者发挥热忱的人。热忱是推销才能中最重要的因素。到目前为止，它也是演讲技巧中最不可缺少的一个因素。

把热忱和你的工作混合在一起，那么，你的工作将不会显得很辛苦或单调。热忱会使你的整个身体充满精力，使你只需在不到平常睡眠时间一半的情况下，就能在一定时间内从事超出平常两倍或三倍的工作量，而且不会觉得疲倦。

热忱并不只是一个空洞的字眼；它是一个重要的力量，你可以予以利用，使自己获得好处。没有了它，你就像一节已经没有电的电池。

热忱是一股伟大的力量，你可以利用它来补充你身体的精力，并发展出一种坚强有力的个性。有些人很幸运地天生即拥有热忱，其他人却必须努力才能获得。发展热忱的过程十分简单。首先，从事你最喜欢的工作，或提供你最喜欢的服务。

热忱是一股巨大的力量。事实上，这股力量十分重要，只要是拥有这种高度发展能力的人，其成就将是难以估量的。

因为如果你拥有热忱，几乎就所向无敌了。假如你没有能力，却有热忱，你还是可以使有才能的人聚集到你身边来；假如你没有资金或设备，却有热忱说服别人，还是会有很多人回应你的梦想。

热忱就是成功和成就的源泉。你的意志力、追求成功的热忱越强，成功的几率就越大。

热忱同时也是一种状态——你24小时不断地思考一件事，甚至在睡梦中仍念念不忘。事实上，一天24小时意识清楚地思考是不可能的。然而，有这种专注却很重要。如果真这么做，你的欲望就会进入潜意识中，使你或醒或睡时都能集中心智。

热忱可使你释放出潜意识的巨大力量 。在认知的层次上，一般人是无法和天才竞争的。然而，大多数的心理学家都同意，潜意识的力量要比有意识的大得多。一家小公司不可能梦想很快就会招募到一批奇才。但是，我们相信，如果发挥潜意识的力量，即使是普通人也能创造奇迹。

热忱也是一种单纯。真正的热忱常能带来成功。但如果热忱是出于贪婪或自私，成功也就如昙花一现。如果你对正义毫无感觉，凡事都以自己为出发点，同样的热忱也许一开始会让你尝到成功的甜头，最后还是不免倒下。能否成功，最后还是要看我们潜意识里的欲念是否单纯。

最理想的情况莫过于去除我们自身的自私，凡事利他助人，并且单纯地希望增进人类和社会的幸福。但是对我们这些凡人而言，要根除自私自利与贪婪是不可能的。对于这一点，我们不用觉得羞愧。以自我为中心的欲念就是我们得以生存下来的机制。然而，我们也要试着去控制这种欲念。至少我们该转移工作目标：我们不光是为了自己而工作，更是为了群体。把工作目标从自己身上转移给他人，欲念就会变得单纯。最后，单纯的心念必然能占上风。

热忱会给你带来奇迹

若你能保有一颗热忱之心，那是会给你带来奇迹的。

有一次在一个浓雾之夜，拿破仑·希尔和他母亲从新泽西乘船渡江到纽约的时候，母亲欢叫道："这是多么令人惊心动魄的情景啊!"

"有什么出奇的事情呢?"拿破仑·希尔问道。

母亲依旧充满热情，"你看呀，那浓雾，那四周若隐若现的光，还有消失在雾中的船带走了令人迷惑的灯光，那么令人不可思议。"

或许是被母亲的热忱所感染，拿破仑·希尔也着实感受到厚厚的白色雾中那种隐藏着的神秘、虚无及点点的迷惑。拿破仑·希尔那颗迟钝的心得到了一些新鲜血液的渗透，不再没有感觉了。

母亲注视着拿破仑·希尔说："我从没有放弃过给你忠告。无论以前的忠告你接受不接受，但这一刻的忠告你一定得听，而且要永远牢记。那就是：世界从来就有美丽和兴奋的存在，她本身就是如此动人、如此令人神往，所以，你自己必须要对她敏感，永远不要让自己感觉迟钝、嗅觉不灵，永远不要让自己失去那份应有的热情。"

拿破仑·希尔一直没有忘记母亲的话，而且也试着去做，就是让自己保持那颗热忱的心以及那份热情。

在人的一生中，做得最多最好的那些人，也就是那些成功人士，必定都具有这种能力和特点。即使两人具有完全相同的才能，必定是更具热情的那个人会取得更大的成就。

热忱一方面是一种自发力量，同时又是帮助你集中全身力量去投身于某一事情的能源。

在波士顿有个棒球队，一直只拥有极少的观众，支持他们的力量很弱，他们的表现很差，但是，后来他们到了密尔瓦基，这里的市民对这个新球队的热情十分高涨，棒球场挤满了人，非常关心这个队并相信这个队一定可以取胜。

市民们的热情、乐观与信赖，给了这支棒球队极大的鼓舞，次年就几乎跃登联赛的首位。仍然是原班人马，但在这个球队内部却产生了一股前所未有的力量，他们因此而发挥出从未有过的水平。观众的热情给这个棒球队输入了新鲜血液，为他们创造了奇迹。

如果你仍旧没有发现和感受到热忱的放射能力，现在的你可能会不时地受到怯懦、自卑或恐惧的袭击，甚至被这些不正常心理所击倒。要知道，在人身上潜伏着一种力量，只是并非每个人都知道和了解，只是未被发现和利用罢了。许多人都或多或少有自卑感，常常低估了自己，对自己失去了信心，缺少热忱。其实，每个人都应该相信自己的健康、精力与忍耐力，都具有重大的潜在力量，这种自信会给予你极大帮助，热爱自己，就会帮助你自己成功。

如何产生热忱

热情是天生的，还是可以培养出来的呢？

也许我们没有必要讨论这个问题，因为你现在的热情可能比以前所曾表现的都要大。你现在已经知道你是环境的主人，而不受环境控制，你不但有了"我能"的意志，而且了解生活中最大的满足是有所成就。

每一个人都会在某些时候对某些事特别热心。也许你是个棒球迷，突然收到一场重要比赛的入场券，大多数情况下你都会很兴奋，使你更喜欢欣赏这场比赛。

我在本章中所说的热情是"激起的"一种狂热，这种热情是由意识培养出来的，并且能继续持续下去。但是有一点要记住，这不是虚伪的做作，而是出自至诚。

在一个气候炎热的日子，地点是佛罗里达东岸一家旅馆的会议厅。我在一个全国性的会议中发表演说，从讲台上可以直接看到外面的海滩，海浪一波波冲上岸来。清凉的海水，给人一种很美好的感觉。因为当天的空调出了点小故障，每个人都把外套脱下来，只有我例外，我觉得很不舒服。我决定尽快把我的演说结束，然后立即到海中去泡一泡。

我潜入水中，当我再次浮出水面的时候，发现身旁正好有一位游泳者。我们彼此打了一下招呼，然而，那人显然没有认出我，他问："你今天早上有没有参加大会？"

"有呀，我参加了。"我回答说。

"那么你听见皮尔的演说了？"

"是的，我听到了。"

"嗯，"他继续说，"你认为他的演说如何？"

我不知道该怎样评价自己的演说，于是我反问道："你认为如何？"他开始把他的意见告诉我。我不知道他将说些什么赞美的话，当他开始说的时候，我一头潜进一个波浪中，当我再度浮出，他已经结束了他的评论。我对他说："瞧，我的朋友，我最好坦白地告诉你，我就是皮尔。"他可真是大吃了一惊，但我不知道他的意见究竟是什么。我们两人都笑了，在痛快地游完一圈之后，我们坐在海滩上聊了起来。

"你在大会上谈论热情，"他说，"而这是任何人都该拥有的一项很重要的个性。问题是，我有时候对一项新计划充满热情，但经过一段时间，那份热情却开始消失冷却。我似乎就是无法维持那份热情而时时奋发。真的，如果我不是经常如此冷淡，我相信我在公司里一定可以获得晋升。一个懂得技巧而又有经验的人，却经常提不起劲来，你想他是否有什么毛病呢？"这是一个普遍的问题。他接着说："如果你有时间，能否麻烦你为我提供一些实用的建议，使我能够产生热情，并且永远维持那个样子？"这个人似乎真的十分关心这个问题，所以我为他提供了下面这些建议：

1. 改变一个人个性（不管是什么问题）的秘诀，就是采取新的想法。这也许是指思想形态的再教育，如此，热情将被归入第一优先的种类。改变热情的路线，反而只会减少热情的分量，因此，我们需要以崭新、充沛、活泼的方式去思考。到了适当的时候，我们的脑子里就能够接受永不衰减的概念，而这种对积极原则的应用，将导致热情永不消逝。

2. 立刻练习在心理上把自己看做是一个完全不同的人、一个完全崭新的人。这个新人从不改变，永远保持同一形态；永远活泼、有活力而且奋发向上。我们不断把自己想象成这样的一个人，结果就会变成这样一个人。

3. 利用积极的话语。这种方法适用于那些因使用矫正性话语而受影响的人，这种方法可改变他们的个性。例如，有个人因为精神紧张而感觉痛苦，他可能经常提到"宁静"、"平安"、"安详"等这一类词语。不断重复述说这些词语很容易减少它们所代表的概念。因此，为了提高热情，每天抽出一点时间，大声说出这样的字眼："刺激"、"有力量"、"好极了"、"妙极了"、"棒极了"等。我承认，这个想法是有点好笑，然而，事实上，我们的潜意识最后会接受这些一再重复的建议。

4.最后，我描述如何在每天早晨重复一句话，而且有效地使自己的热忱维持在很高的程度。这个句子改变了许多人，使他们从消极的状态改进到不断维持着热情力量的状态："今天将是最美好的一天；我将感觉喜悦，并很高兴地过完这一天。"

我这位游泳伙伴显然已经发现了这些建议的实用价值，因为后来他给我写信说，他已"真正把这些维持永久的热情方式付诸行动，结果十分满意"。他并没有说明这项结果是什么，但显然他已经恢复热情，并产生了效率。

 ## 保持永久的热忱

时间没有力量使我们变得年老，我们并不是依赖时间而生存，而是依赖我们内心的创造力和再创造力而生存。通过热情激起的生命活力并不受人类的时间系统所限制，时间系统只是人类按自己的意思而制定的一种计时方法。

确实不错，在我们一生中，我们的生命都受到这项假设的限制：在我们到达 60 岁、70 岁或 80 岁时，我们的心理和肉体活力就应该逐渐衰退。有一天晚上，我和一位朋友坐在他家里的壁炉前，听着一座古老大钟的罗曼蒂克的滴答声。他说："这个时钟滴滴答答，消磨了我的生命。"但是，约在 100 年前左右，人类并未制造出一种可以决定任何人生命品质的仪器。没有任何计时机器能使人在某一天说："现在，我已经老了，我已经接近生命的尽头。"

某些人虽然发动了这种永不枯竭的热忱，并且保持着这份热忱，但是还有很多原因使他们的兴趣消逝，而事实上，确实能使很多性格散漫的人失去兴趣。

但另外有些人，可能比我们想象中的还要多，却学会了一种保持热忱的技巧，而且能够自我重新补充。他们真正懂得怎样去保持热忱的原则，就像我在安大略见到的那位90岁妇人。我本来打算描述她是一位老妇人，但是，她除了年龄很大以外，实际上她并不老，因此，我就把这个"老"字省掉不用。不管如何，她是积极思想的一个鲜明例子。

这位妇人坐在轮椅上，她的一条腿已被锯掉，但她很兴奋地描述说，她独自一人生活，她每天都是坐在轮椅上做家务的，包括使用吸尘器、准备三餐、铺床。

"我想你的生活一定遇到相当多的困难。"我说。

"只要你知道窍门，就不会有困难，而且我真的知道这里的诀窍，我并不觉得困难。虽然我身旁没有人，也得不到任何帮助。就算找到合适的女孩子，我也付不起费用。但是请你不用忧虑，我并不抱怨，我喜欢这种生活。"她有力地下结论说。

"你的腿被锯掉有多久了？"

"哦，大约5年了，当然已经习惯了。"

"你能从轮椅上下来吗？"

"当然，你难道认为我整天都闷在这栋屋子里？"

"我的奶奶还时常给我们打气，"她那位27岁的孙子说，"我每隔两天来看她一次，每次都能从她身上得到一份新的热忱。而且那份热忱也时刻鼓舞着我，使我也充满了活力。"

"但是难道你从来不觉得沮丧吗？你毕竟少了一条腿。"我向这位年老、热忱，像火球一样的女性问道。

"沮丧？当然，我也有这种感觉。"

"当你沮丧的时候，你怎么办呢？"我进一步问。

"我只是克服这种感觉，还能怎么办呢？"

"好极了，这是我所听过的最佳答案。关于你所表现的这种热忱——你是怎么得到的？而且，更重要的是，你怎么保持这种热忱，你只有一条腿，坐在轮椅上，已经90岁？"

"听着，孩子。"她用手指指着我（请相信我，我很喜欢她这种"孩子"的称呼）说，"是这样的，我经常阅读《圣经》，并且相信里面所说的话，而且我不断对自己重复这段话：'我深信，我是拥有生命的，我将拥有更丰富的生命。'你知道吗？《圣经》并不认为这项诺言不适用于坐在轮椅上、少了一条腿、又是90岁的人。它只允诺丰富的生活，因此，我不断对自己重复这个诺言，并且过着丰富的生活。我很幸福，我拥有勇气。"

这跟另外一位"老人"的说法正好相反。他以发抖的声音告诉我，他已69岁，并且说："我不允许任何人来愚弄我。年老真是糟糕，情况一天天恶化，真是悲哀。我现在只想把我这一生早点结束，越快越好。"他继续说，"我以前也充满了热忱，就跟你完全一样。"

"你那些热忱究竟怎么了？"我问。

"我已经老了，我告诉你，你无法在年老的时候还保持着热忱。"

当然，这是以高度自私、消极意见为基础的一种怀疑和错误的说法。一位90岁、只有一条腿的妇人能永远拥有热忱，而一个69岁、两腿健全的男人却丧失了热忱，从这两项事实就可看出了一个道理：一个人不管年纪有多大，都可以保持着热忱。

绝不可让热忱腐烂

关于年龄，更正确地说，应该是一种意志状态。在这种状态中，某些心理态度（这是通过习惯性和传统性的思考，而在意识和潜意识中建立起来的）使我们相信，生命力已逐渐消减，因此我们就认为自己的思想与行动也逐渐老化，然后，在事实上，我们就真变老了。《圣经》对年龄做了很美妙的描述，但丝毫未曾提到把时间当做分、日、周或年来计算，而是以心理态度的恶化来计算。"人怕高处（例如，当他们丧失了热忱，或是当积极原则衰退时），路上有惊慌……"

很明显地,各种年龄的人——所谓的老人以及那些年轻人——如果对自己一再重复的热忱发生兴趣,他们的生活完全可以变得更美妙、更健康、更幸福。真正的"青春之泉"是无法在某些神奇的岛屿上找到的,而只会出现在意志永远活泼的态度中。当然,它也会出现在这个有力的思想中:从现在起,我们可以永远保持年轻的生活。我永远忘不了美国邮政局前任局长法雷对我说过的某些话。我问他,为什么岁月似乎一直未曾在他身上留下痕迹。他的回答十分典型:"我从来没有任何年老的想法。"

"虽然我们之间的大部分人对过去的岁月投降,"肯普先生说,"但是绝不可让岁月使我们老去,我们应继续向岁月挑战,并且保持青春,维持活力,享受生命。"那么,衰老真是我们自己的过错吗?岁月在我们身上所造成的影响,真的因人而异吗?下面就是某些现代科学家对这个问题的看法。

几年以前,在辛辛那提的迪可西诊所举行了一次医学会议,会后发表了下面这篇报告:"时间是没有毒性的。那些患有时间恐惧症的人们,都是因为听信了目前流行的一种迷信,认为时间在某些方面是一种毒药,能够发挥一种神秘的累积行动……在任何情况下,时间对人体组织没有任何影响……生命力并不会因为个人年龄的增加而有所减少。那些相信这种迷信的人,他们本身的行为就是一种毒药。"

换句话说,我们大部分人所相信的,关于岁月会自动引起我们身体老化的这种说法,是没有科学基础作根据的。这部分报告继续指出:"由于人们对时间消逝的真相缺乏认识,使得我们对累积的岁月感到恐惧。只要我们的思想获得足够的启发,就不需要向年龄投降。"

肯普先生继续告诉我们说,一位来自密歇根的医生史华兹破除了我们对年龄某些错误的看法——"记忆力衰退、步伐蹒跚、双手颤抖——这些都是因为缺乏肉体和心理努力所引起的,而不是因为岁月的消逝。没有任何疾病只是因为时间消逝而引起的。我们目前对时间消逝的看法必须加以破除,同时也必须使我们这些已经受过洗脑的老年人看清楚自身疾病的本质。每一天都进行某种程度的心理和肉体上的自律练习,将可使每一代的平均寿命至少提高 10 年。"

史华兹医生提到一些很值得我们注意的概念。例如，一般人都认为体力的衰弱是随着年龄的增大而引起的，而且一个人到了 65 岁，生理上就已经到了顶峰，开始逐渐地往下跌。如果这种观念被接受了，将使得一个人永远地局限在狭窄的领域里，直到生命的最后一颗火花随着他自己的身体一起消亡。

我们在想，一个充满热情的年轻人终身保持着他那份热情，是否能够因此而保住并缓和老化的过程。一位哲学家也许说出了一个很聪明的观点，他说："天才的秘诀就是在老人心中永远保持着孩子的精神。"孩子的天性是热忱的，终身保持着那份精神的人才是积极而有效率的。小孩子们会一直保留着活力、兴奋、兴趣、渴望，直到一个消极的时间概念加以干预，从事它的沉闷工作；而我们疲惫的所谓时间的世故也发挥了它的效用。就如一位诗人的生动描写：

年轻人，每天都必须从东方以外走来，

他是大自然的孩子，

在光辉的幻想中，

他一路受到服侍；

最后，人类相信它已逝去，

褪入日常生活的光线中。

由此可见，热情的腐烂，是任何人生命发展中的最悲哀的现象。但是如果你不断去进行积极的思想，这个悲哀的过程就不会发生。如果你的思想尚未进行这种对保持热忱的有益练习，那么你随时可以加以培养。无可避免地，有了这种补救的练习，将带来个人力量的重新恢复，而且，还会恢复你的伟大肉体力量。

发展出一种不会消退的自我热忱，这种方法并不容易找到，但仍然不算太难。

热忱——医治颓废生活的药

有一位职业撰稿人，他抱怨他对自己的工作已失去了新鲜感。

他的文章写得太长，却没有思想和内容。文章浮华夸张，缺乏说服力。"而说服读者正是我的本职工作。"他很忧愁地说。

他之所以会变成这副模样，主要是因为他的热忱已经消失，似乎不再有任何事情可以激励他。他的精神已经消失殆尽。"真是糟糕，"他无力地说，"你又不能到街角药房里去买一瓶热忱万灵药。"

"但是确实有一种治疗剂，"我提醒他说，"并不是装在瓶子里，而是你思想中的一个概念。要使你的热忱恢复，这个过程并不复杂。你只要开始采取热忱的行动，并保持那种态度，到最后你将变得热忱。"我接着要他注意威廉·詹姆斯教授所宣扬的著名原则，他把它形容为"好像"原则，而且某些人认为他是心理学之父。这个原则就是假装你已经成为你自己所希望的那种人，到最后，你就会成为你所希望的那种人。如果你心里充满恐惧，你就假装你很有勇气。不断地假装你有勇气，到最后，你的恐惧就会消失，勇气也会随之增加。如果你经常批评别人，那么赶快表现得宽宏大量，对每个人、每件事做最好的宽容，那么你将变得不再吹毛求疵，而变得更有同情心。

这种原则在增加热忱方面，也有相同的效果。一开始你要装作很有热忱的样子。起初，这种效果也许不显著，甚至还显得有点虚伪或不真诚，怎么样也得不到热忱的感觉。但是，你必须坚持下去，然后，很奇异地，你将感到增加了许多热忱。这就是被形容为"好像"原则的行为法则。

但是，我并没有完全说服这位忧愁又没有热忱的撰稿人，因为他显然认为这个方法太简单了。因此他觉得，似乎只有运用一个复杂的智慧系统，才能免除他的消极观念。后来他参加了一次会议，我正好在大会上对一群推销人员演说"为什么积极的思考者能够得到积极的结果"，我表示，成功的先决条件是以这三点为基础：一、冷静、合理的思考，而不是急躁、激动的反应，如此才能解决问题。二、绝不可有消极的想法，因为消极的思考者所从事的是一件很危险的事。他把消极的思想注入他身边的世界，因此使这个世界产生消极的反应。根据同类相求的法则，他自己将得到消极的结果。三、从事热忱的思想和行动，自有其价值。

为了说明第三点，我建议听众中每个人都可以使第二天成为他一生中最好的日子。这种方法并不是像往常那样地躺在床上呻吟、抱怨、不满意，或是向他那位有耐心且长期忍受他的妻子倾诉痛苦、哀伤和不满。不，并不是那样。

而是当他醒来时，他必须以果敢的姿势把床单掀开，然后跳下床来，对他那位目瞪口呆的妻子宣称："亲爱的，我觉得好棒。"

当然，她可能会吓得心脏病发作而当场死亡，但是她将死得很快乐。即使是洗澡，也要一面冲洗一面唱歌，把昨天那些疲惫、消极、死去的念头从脑海里冲洗干净，同时用肥皂和水冲洗自己的身体。冲洗之后，他觉得浑身充满活力，于是穿好衣服，来到餐室，坐下来享受他妻子以体贴的爱心为他准备的早餐。他将对那份早餐投以感谢、尊敬的眼光，并且说："亲爱的，这是我所见过的最美的早餐。"这种赞美词将令她十分高兴，第二天他真的可以得到一顿丰盛的早餐，而不必再说谎。

然后，在吃完一顿美好丰盛的早餐之后，他踏入清新的阳光下，站得挺直。他将热烈地跟他的妻子亲吻道别，我建议他在这样做时，不妨把她抱起来，旋转一圈。我承认，对某些人来说，这需要有很大的勇气才能做出来，但这将把热忱转移到她身上。

他然后勇敢地对她说："亲爱的，你知道吗？我今天要充满热忱地去从事工作，我将整天保持着这份热忱。"

如我所说的，我的这位缺乏热忱的作家朋友，听到了我在演说中对听众们所提的这个古怪的建议。后来他承认说，起初他认为这个建议似乎有点牵强且虚伪。但是他把它细想过几遍之后，终于明白，消极或积极、消沉或热忱，完全由自己的思想和行为来加以决定。"信不信由你，"他非常兴奋地说，"我尝试了你那个疯狂的早晨计划。你知道吗？已经开始奏效了。甚至我妻子也得到很大的好处，她说我变了许多，比以前更有趣。因此，我采用了那个'好像'原则。我相信，我装出热忱的样了，热忱就真的回到我身上了。"

如果你厌倦了

对一件事情产生厌倦的感觉，对我们所有人的热忱是一大打击。解决方法就是把兴趣调和在一种创造性的生活形态中。

对热忱发生新兴趣，可以帮助你达成一种混合了各项兴趣的生活，这对大部分有思考力的积极人士都能产生影响。确实不错，组织本身就能促进热忱的发展，缺乏组织力会产生一种沮丧的态度，会把热忱消磨殆尽。要想消除懦弱又同时保持极高的热忱，并不是容易的事。但只要一个人决心这样做，不管困难与否，结果都将大量消减懦弱的程度。从深一层来看，热忱是一种能力的创造者，不但不会减少生命力，反而由于它所接受的心理和情绪刺激，而将更容易促进生命力的发展。

虽然生活中的打击接踵而至，可能会大量消减你对生活的热忱，但是你要知道这是暂时的，只要你以上述态度采取对策，运用一股坚强而正常的热忱，尽管曾经走过一段艰难的里程，你仍然能够大量减少困苦的影响，而且，可以从一切失败的阴影中走出来。

面对困苦、失败、忧伤以及不幸的这份能力，就是脸上带着微笑；永远不丧失热忱，这也是积极思想的最佳表现。当然能够如此成功地达到这种境界的人，内心之中还有某种东西——信心和信念；他们学会了如何以高昂的心情去解决问题；他们从不惊慌，总是不断思考探讨，找寻答案和解决方法。对他们来说，一次失败只不过是成功生活中的一个点滴；他们从失败中吸收技巧和经验以增加力量。如果你在遭遇挫败的时候，经常能克服这些困难，那么你就能够表现得比以前更加坚强。下面这个说法也许有点虚幻，但也有它的道理。美洲的印第安人相信，一个勇士若是剥掉一个敌人的头皮，那敌人的力量就移到他的身上来了。剥了更多敌人的头皮，就表示可以得到更多的力量。也可以这么说，你所克服的困难越大，你也将因此变得更为强大。

拥有自动自发热忱的人，等于有了一项无法估计的资产，这可以补偿他们其他方面能力的不足。例如，某些人也许没有接受很好的教育，但如果他们拥有永不衰减的热忱，他们就不会在意挫折，而勇往直前，结果反而会有更好的表现。就像《新的推销员》这篇故事，这是某人在不久以前告诉我的：

一位新的推销员写了他的第一篇报告给总公司，公司的高级职员很惊讶地发现这位"新血液"显然是个识字不多的大老粗，因为他的报告上错字连篇，他写着："我向一家公司推销，他们不愿意买，结果，我卖了2000美元的东西给他们。我现在立刻向芝加哥出发。"经理还来不及开除这位大老粗，他的第二封报告又来了："我来到这里，卖给他们50万美元的货物。"销售经理怀疑他是否真的有此能力，认为他就是在胡扯，于是把这个问题交给公司董事长决定。第二天，这些职员们很惊讶地发现，那位大老粗的两封来信被贴在公告栏上，在它们上面则是一封由董事长亲笔写的信，上面写着："我们一直花费太多的时间在推敲文字上，而不是去努力推销我们的货物。我们应该注意！我希望大家好好看看这位推销员所写的来信，他正在外面奔走，为我们推销了许多产品，大家应该向他学习！"

芝加哥著名的企业家和慈善家克里蒙特·斯通在6岁时就开展了他一生的事业，他在南区推销报纸。由于他有坚强的决心和积极的思想，终于使他成为美国最伟大的一位推销员。他所赚的钱越多（他确实赚了不少钱），就拿出越多的钱来帮助贫苦的小孩，使出狱的犯人获得新生，促进其心理健康，加强其宗教信仰，协助艺术和科学发展。美国一位最伟大的慈善基金募集家，已故的马次博士就曾这样说过："克里蒙特·斯通是我所知道的一位最慷慨大方的人。"

斯通先生有时施舍得太多，甚至影响到他的收支平衡，他跟所有的商人一样在经济上也是时好时坏。但他总是能够卷土重来，因为他正是这一类不怕挫折的人。

在他个人或生意上遭遇困难的那些时候，我从未见到他表现出任何热忱消退的迹象。不管我在什么时候拿起电话问他好不好或是生意做得怎么样，他总是以坚强的声音和态度，很有精神地回答说："好极了，实在是好极了！"这是不是故作勇敢，借以掩饰他所遭遇的困难呢？绝对不是。因为他懂得生命的真谛。他了解生活中的困苦就是迈向成功的台阶。但是斯通先生和其他人之间的差别是很有趣的。斯通先生认为克服困难是一种乐趣，所以他喜欢不断地追求成功。对他来说，赚来的钱只是一种工具，其目的是用来做善事、提高生活水准，并协助其他人发挥与生俱来的潜在能力。他的热忱基础就是一个热烈的渴望，渴望帮助其他人向上、永远奋发向上。

不管是在困难的日子或是顺利的日子里，他的反应总是一样——很好，好极了。当他还是一个在街上贩卖报纸的褴褛的顽童时，他就已经建立起他对生命的热忱，而且从那时候起，他一直保持着这份热忱。据我的观察，他能够这样做，是因为他对所发生的事情，从来不采取偏激的态度，而是永远在每个环境中寻找并发现其中的美好事物，这种美好事物是一定存在的。他相信，对于每一个不利的情况，总是同时会有一个相对的好处存在。由于他拥有冷静客观的态度、实际的思想，因此，他克服失败而成功的比例十分可观。而且他永远不允许挫折来减低他的热忱，而是使自己能够不断地向前进，永远前进，经过险恶的大海与平静的海洋。他是一个实践积极思想的杰出的例子。

热情的组成

只要仔细培养，热情就会变成极大的推动力量，它可以提升一个人的社会地位、权力、财富以及个性。

碎成几片的花瓣可以组成一朵花，几个特别因素组合在一起也可以变成热情。下面是其中一部分：

1. 动机；

2. 自信；

3. 决心；

4. 实行；

5. 自我欣赏；

6. 快乐。

动机 没有动机就没有欲望，当然更没有热情了。

我们稍微想一想就可以想出许多动机，最强烈的动机是爱——对于配偶的爱或未来的配偶的爱。

你希不希望在一个美丽的环境中有一幢漂亮的房子？这也是一个动机——在适当的努力下，很容易实现。

你希不希望开创自己的事业？这很容易做到，只要你有积极正确的心态。

你希不希望身居要职，经常到各地旅行？还有什么比这更好的动机呢？

你可以想出更多的动机，想一想哪一个最重要，就把它看成你的动机。

自信 有了动机以后，必须有一种认识，"知道"可以使动机变成事实。

庸庸碌碌的人总会找出所谓的好理由来说明他得不到生活中的恩赐，但他所说的不是理由，只是借口而已。

这种人应该把自己和事业有成的人做一个比较，他会发现只有一点不同：事业有成的人"知道"他可以成就大事；一事无成的人则怀疑自己的能力。

积极上进的人和没有出息的人唯一的差别不在于健康或教育——在于意识。

这个道理绝对正确，因此你必须了解"你认为你行你就行"的原则。不论情况怎样，你都应该抱着"我能"的态度。找出一个动机，并且努力奋斗。

决心　决心是成功的必要因素。我想问你，你认不认识"想去"的人？世界上这种人实在太多了，他永远在"打算"做什么事。这些"打算"的人永远成不了气候，因为他们没有决心。

不要去做"打算"做的人，要做起身而行的人，下定决心，你必有收获。

实行　我常常想19世纪英国作家兼批评家海利斯特是否真正了解他所说的这句话的意义："我们做得越多，能做的就越多；我们越忙，空闲的时间就越多。"

实行是"想法"付诸动作的结束。我们可能有一个动机，也知道自己有"可以"完成的能力，甚至有了去做的决心，但在没有实行之前，仍仿佛一部汽车在等你去发动一样。本杰明·富兰克林在他的《可怜理查的生平》一书中，把拖拖拉拉叫做"偷时间的贼"，我大胆地改为"拖拖拉拉是破坏机会的贼"。拖延就是耽搁行动。我们拖拖拉拉是因为顾虑太多："从哪里开始？""需要的工具在哪里？""能不能一口气做好？"

你应该这样做：决定你的目标和步骤，然后立刻"完全投入"，如此你就会克服拖拉的毛病，你会发现原来你可以做得又快又好。

行动不应该半途而废。你一旦有了开始，就应该坚持下去。

自我欣赏　自己欣赏自己是不是很自大？一点也不。说实在的，全世界对你的评价绝不会超过你对你自己的看法。

你会不会把你心爱的人交给一个自认为医术不精的医生？你会不会把一件重要的法律案件托给一个没有自信的律师？你会不会找一个自己都觉得很差劲的建筑师替你设计房子？这几个问题的答案当然都是"不会"。

自我欣赏是从喜欢自己而来，但是我指的不是自恋狂（因为自己的身体和仪表而激起的感觉），也不是能跟自大狂（把自己看成大伟人）相提并论。

我所谓的自我欣赏，是指为了自己的思想与行为而喜欢自己。

如果你有一个处处讨人喜欢的小孩，他既聪明、又好学，而且有礼貌，你当然很欣赏是不是？这就是你应该表现的自我欣赏。但是不要把"欣赏"和"满足"混为一谈，你一旦觉得满足，就不会进步了。欣赏是为了你的想法和作为而喜欢你自己。

快乐　先有鸡还是先有蛋？快乐产生热情，热情也会带来快乐。

洛衣·史本斯，33岁，没念过什么书，要我开导开导他。他没有什么特别的专长，一直做些不需要学历的工作，他车子开得很好，因此一直开卡车。

但他不喜欢这个工作。他是个虔诚的教徒，不喝酒，也不喜欢同事们所说的脏话。由于他不喜欢跟那些同事喝酒，也不喜欢听他们说的那些黄色笑话，大家都叫他"小妞"。

他看不出自己有什么前途，只能从一个普通工作换到另一个普通工作，马马虎虎地混日子。

他缺少生活热情——尤其是对生活中可以做到的事。

"你为什么不自己做生意?"我问他。

"我做什么生意？我没有学历、没有钱，也没有什么经验可以做生意。"他说，脸上带着怀疑的表情。

"你有空的时候做什么?"我问。

"不做什么，只是到花园里随便弄弄。"他一面说，一面从书房窗户望出去，看着我的花园。

"你为什么不开个小店，专门替别人整理花园?"我建议他。

他起初并没有什么反应，但在我继续说他一天可以整理三个这么大的花园，而且自己当老板时，他的眼睛开始发亮了。我又说他唯一要花点资本的是买一部电动剪草机、耙子、铲子之类的工具，他告诉我他已经有了大部分的工具。

我还拐弯抹角地谈到他的宗教信仰，我说："上帝创造世界，你整理这个世界，会觉得和上帝更亲近。"

他的热情开始增加。他知道他只需要在报纸上登个小广告，甚至只需利用空闲的时间去整理花园，直到这方面的收入足够养家以后再放弃开车。

我向他建议的这个工作也没有什么"前途"可言，但是一个人有了热情以后便不同了。

洛衣·史本斯开始整理花园了，他做得有声有色，他的客户又把他介绍给朋友，不久之后排队等他去整理花园的客户可以列出一张名单，他还只是刚开始而已。现在他利用晚上去学习园艺学，希望以后成为园艺设计师。

他现在已经了解成功不是目的，而在于这种越过的一段一段黄金旅程，同时，他的快乐也与日俱增。

对自动自发的热忱发生兴趣，我相信自己的这套方法，而且这种方法的效果一直很不错。

事实上，我确信我现在拥有比以前任何时候更为伟大的热忱，而且这份热忱确实已增加了它的深度和品质。当我还是一个小男孩的时候，我便充满热忱，但是，个人的内在冲突有时候会打击这种热忱。幸福的是，这似乎已不再是个问题。因为，在解决了这些冲突之后，所剩下来的已经少之又少，不足以干预热忱动机的自然流露。

请你记着，你不止是在看一本书，而且正在创造全新生活，昨天的你和明天的你相比，有如毛毛虫和蝴蝶一样。在你阅读这本书的时候，也许会以为正在接受什么新学说、新观念，要看到效果，还必须经过一番艰苦的奋斗。你错了——其实书里的每一个原则都很简单，简单到使人不敢相信它的神效。但在仔细回想你的心得时，你的理智会告诉你，把生活从无聊单调转变为兴奋欢乐简直易如反掌。

"知识是没有用的，除非你身体力行。"你同意。你所阅读的书里所说的每一个字你都同意，但是光同意还不够，你要实际去运用——现在就开始。

第五章

诚实是一股潜在的力量

> 我想在每一场合都努力讲真话，使自己的一言一行都做到诚实，而不使任何人对不可能实现的事情空抱期望，这乃是理性动物最宝贵的优点。
>
> ——本杰明·富兰克林

> 善于表露情感是一种美德，具有人们意想不到的惊人的魅力，犹如灯塔在漆黑的夜晚指引航船走上正确的方向。能够暴露真实的自我可以使人变成一个最高尚、最明智和最有力量的人。

我想再向你提供一种能帮助你取得成功的工具，那就是诚实做人的力量。

也许你从未想过诚实是一种力量或一种有用的工具，但它确实如此。我认为诚实是力量的象征，它显示一个人高度的自尊和尊严以及内心的一种踏实安全的感受。诚实具有吸引力，能把人们吸引到你的周围。人们可能不清楚自己被吸引的原因，但他们会喜欢你，因为诚实具有迷人的凝聚力。

如果你是个诚实的人，人们就会慢慢地信任你。在任何情况下，人们都知道你不会为自己的行为进行掩饰、推脱责任或进行辩解。他们会相信你说的是实话。

你知道如何在同别人初次相会时使用你诚实的潜力去吸引别人吗？你是否发挥了这种力量去建立起别人对你的信赖，把自己变成一个受人尊重的人呢？如果你还不知道诚实的功效，那么就赶快发挥它；如果你已经具备了这种使生活变得更有价值的品质，就应充分发挥它、使用它。

信守承诺是成功者的品质

如何产生吸引力和遵守诺言，都是属于精神活动。当然，有些人可以轻易地违背他们的金钱、婚姻和工作上的诺言。但千万不要在精神上亏欠别人——因为那将使你失去朋友，坐失良机，并为人所不齿。

从来没有人喜欢毁言背信之人，下面我就以几则故事阐明承诺的重要性。

我的朋友伊丽莎白是一家连锁超级市场公司的副经理。有一天，她为了人事问题开了一天的会。下午我去找她，问及她的公司在录用与晋升方面的尺度跟别的公司有什么不同。

伊丽莎白说："这点我不清楚，因为我不知道别的公司在录用及晋升方面的标准是什么，我只能说，我们公司很注重应征者对金钱的态度。

"一旦你在金钱的使用上有了不良的记录，我们公司就不会雇用你。很多公司也跟我们一样，很注重一个人的品行，并且以此作为晋升任用的标准。"

我问道："即使个人工作经验丰富、条件又好，你们也不任用？"

伊丽莎白说：是的。理由有四点：

"第一点，我们认为一个人除了对家庭要有责任感外，对债权人守信用是最重要的。你在金钱上毁约背信，就表示你在人格上有所缺陷。"

我说："但是今日很多美国的年轻人却不以为然。他们认为'银行的钱那么多，即使我不偿还债务也无所谓'，或者'每家商店都有上百万的资金，我不付款它也倒闭不了'。"

伊丽莎白说："没错，你说的虽然是今天社会上的普遍现象，但是买东西必须付钱、欠债必须还钱这是天经地义的事。在金钱上不守信用，简直与偷窃无异。

"第二点，如果一个人在金钱上不守诺言，他对任何事都不会守信用。

"第三点，一个没有诚意信守诺言的人，他在工作岗位上必定也会玩忽职守。

"第四点，一个连本身的财务问题都无法解决的人，我们是不任用的。因为多次的财务困难很容易导致一个人去偷窃或者挪用公款。在金钱方面有不良记录的人，犯罪率是一般人的 10 倍。"

对于金钱的使用要诚实守信用，就是这位副经理所要强调的，也正是我所要强调的。

20 年前，法兰西斯开了一家小小的印刷厂。今天，法兰西斯已经非常富有，并且有了一个美满的家庭，还拥有一家很大的印刷公司。他在同行之间很受敬重，最重要的一点是他非常具有责任感。

星期六下午我跟他去钓鱼，顺便问起他的成功之道。法兰西斯很谦虚地说："我生长在一个很保守的家庭，每个礼拜天全家都要去做礼拜，然后回家吃饭，听父亲为我们解说《圣经》上的故事。"

我好奇地问他："讲些什么？"

"父亲很通俗地为我们讲解牧师所说的每一个道理，用很多生活上的实例来说明为什么偷窃和说谎是不道德的。从父亲的谈话中，可以得知父亲非常强调守信用的重要性。'言行要一致'是父亲最常说的话。

"我上大学时家境不好，所以我就到一家印刷厂去打杂，从清扫房间到送货什么事都干。6 年的大学生活，我都是在半工半读的情况下度过的。毕业时，我决定开一家印刷厂，当时我手中的 2000 美元足够我开业。虽然我的工厂是在很偏僻的郊外，但是从创业初期，我就一直遵循父亲所给予我的教诲。

"我将父亲的话应用到实际生活中，对每位顾客都坚守信用。如果成品不够精美，我就免费重做一遍 (直至今日，法兰西斯还信守这个原则)。此外，我交货也很准时。即使有时连续两三天不睡，我还是信守承诺。就这样，我开始赚钱了，并在 3 年后拓展了我的事业，使我有能力购置更大的厂房和更先进的设备。但就在这时，我遇到了一个麻烦，也可以说是一个考验。"

我问："什么考验？"

"有一天，一场大火把我的工厂烧了个精光。保险公司只负责一半的损失，此时我负债累累。"

我问他："你是怎么渡过难关的，你没有宣告破产？"

"我的律师、会计师和主办都叫我宣告破产，但是我并没有这样做，因为我要勇敢地面对我的问题。那时实在是不容易，但是我还是偿清了所欠的债务，并且重新开始。由于我的承诺，赢得了所有债权人和厂商的信赖。他们简直不敢相信，我真的偿还了所有的债务。

"从那以后，我的事业一帆风顺。过去的 5 年间，我的业务增长率高达 25% 到 35%。言归正传，你问我的成功之道是什么，我的回答是：信守承诺。如果没有父亲昔日的教诲，我是不会有今天的。"

诚实会给你建立信誉

在个人生活或事业上，你可能由于说老实话而失去某些东西。但是在漫长的人生旅途中失掉一两次应有的报偿算不了什么。你需要的是建立起信誉，树立起正直诚实的声誉。你的话应该被人信任、尊重；别人应该知道你是一个靠得住、值得信赖的人。

诚实的人给人一种安全可靠的感觉，你一眼就可以看得出来。同诚实的人打交道，你无需有一双火眼金睛，用不着去揣摸、猜测他在想什么，有什么企图，他们会直接告诉你。

我曾经为许多公司经理和工业界领导人进行过心理治疗。有趣的是我发现在他们的成功中有许多共同特点，其中之一就是为人诚实。成功的房地产经营家乔治就是以其诚实而享誉世界的，我亲切地称他为"我的房地产大王"。

乔治对我讲述他的早期经历时，说过下面一件事：他在伊得诺州刚开始从事房地产交易时，有一次带一位买主去看森林湖区的一座房屋。房产主曾私下告诉他说这栋房子大部分结构都不错，只是屋顶过于陈旧，当年就得翻修。买主是一对年轻夫妇，他们说准备买房子的钱很有限，极怕超支，所以想买一处无须修葺的房子。他们看过房子后，很喜欢，马上决定购买，并想立即搬进去住。但乔治对他们讲，这座房子需要 8000 美元重修屋顶。

乔治知道，说出房子屋顶的真相，会冒很大的风险，有可能毁掉这笔交易。果然，这对夫妇一听说要花这么多钱来修屋顶，就不肯购买了。一星期后，乔治得知他们从另一家房地产交易所花较少的钱买了一栋类似的房子。

乔治的老板听说这笔生意被人抢走，十分生气。他把乔治叫到办公室，问他是如何把这笔生意搞吹的。

老板对乔治的解释很不满意，也不高兴他为那对夫妇的经济条件操心。他咆哮着："他们并没有问你屋顶情况！你没有责任要告诉他们。你主动告诉他们屋顶要修是愚蠢的，真是多管闲事！现在你把一切都失掉了。"

老板解雇了乔治。

如果乔治是个失败者，他可能会想："我把实情告诉那对夫妇，真是愚不可及。我何苦要为别人操心呢？那关我什么事？以后可不要再多嘴了，白白丢掉一份委托费。我可真笨！"

但是，乔治所希望的是做一个诚实的人。他一直受的教育是要说实话，他的父亲总对他说："你同别人一握手，就等于签订了一项合同。你说的话要算数。如果你想在生意上站稳脚跟，就必须跟人公平交易。"所以，乔治总是把信誉放在第一位，而不是把赚钱看成高于一切。尽管当时他想把那座房子卖掉，但不能为此而损失自己的人格价值。即使丢掉了工作，他仍然坚信自己最重要的做人准则就是在一切事情上都讲真话。

乔治从他帮助过的一位亲戚那里借了些钱，搬到了加利福尼亚，开了间小房地产交易所。数年之后，他以做生意公道和为人诚实建立了信誉。虽然他也为此丢过不少生意，但渐渐赢得了人们的信任。最后，他声名远扬，事业飞速发展，生意兴隆，营业所遍及全国。乔治发达了。

我交的朋友都是可以信赖的人，他们都能把自己的思想感情坦白地告诉我。我无论结交一位新朋友或雇佣一名新职员，关键一点是必须真诚坦率。我整天忙于接待病人，搞广播和电视节目，出席各种社会集会，讲演或写书，匆匆忙忙，东跑西颠，有时会无意中冷淡了别人。我需要朋友和同事坦诚地告诉我，他们对我的言行有什么感觉。他们是我关心的人，所以我想知道他们的反应，想听他们真实的想法。

在我接待的病人中，有些人怕伤害别人而有意掩盖某些情况，他们害怕惹人生气，不敢直言坦率地表达自己的看法，担心遭到别人的反对或不满。这样将很难维持同别人的友谊。同这种人相处十分费力，而同能够相互坦率交流思想情感的人相处要轻松得多，没有那么多担心，因为对人对己大家心里有数，都有底。

真诚的朋友心里怎么想，嘴里就怎么说，他们对事情有看法、有意见、有自己的观点。你用不着猜测他们是否生了气，是否在搬弄是非，是否在哄骗你。他们不会在背后诋毁你。如果他们同你有分歧，会直截了当地同你谈，热情地向你进行解释。由于双方能公开诚恳地交流思想，你便能很快地同他们商量问题，解决问题。

展现出真正的自我更重要

你是否有惊人的记忆力，能记得自己多年来说过的每一次谎话？大多数人难以记住自己生活中实际发生的每一件事情，也难以对它们都加以正确处理。你也是这种情况吗？

当你说谎、做假或隐瞒什么的时候，你会发现自己陷入了对往昔的回忆之中，而无暇去考虑当前的事情，对眼下的问题既提不起兴趣，也不会去设法加以解决。我要告诉你，保持自己本来面目，你才能感到轻松愉快。

你是否有过下述经历：在鸡尾酒会上你遇到某个人，一见面就令你感到讨厌？同陌生人接触，几分钟你便可以得到一个直接印象；你或许愿意同他交谈，多了解一些他的情况；或许你感到他有些"不实在"，想尽快躲开他。别人对你，也可能发生类似的情况。如果你不注意检点自己，可能会发生类似的情况。如果你不注意检点自己，别人也可能会觉得你不实在，想躲开你。

无论在生意上还是在社交场合，你第一次同人接触，重要的是让人一眼看到你的真实面貌，让人认识你的真正品格和坦率胸怀。古希腊剧作家索福克勒斯曾讲过其中的哲理：

人的语言中唯真实最有力量。

要让新结识的人喜欢你，愿意多了解你，最可靠的办法是要真诚待人，这是你所具备的最强大的力量。

这里我并不是说，全抛心迹和没完没了地大谈自己的问题就是勇敢，那样做会使对方难以忍受或心烦。我的意思是，无论对人对己当时怎么想，就应该老老实实地讲出来。

我的这种看法不应被曲解为允许对他人进行消极否定的批评。如果你新结识的人鼻子过大，我并不希望你叫他"大鼻子"。诚实待人并不意味着对别人的外貌品头论足，伤害别人的感情，或用其他方式对人刻薄挑剔，甚至辱骂体罚。

我所说的诚实是指对自己而言，诚实的焦点要对准自己。我希望你昂起头，面带微笑，愉快地把真实的自我展示出来，把你过去的失败、生活中走过的弯路、遭受的挫折都亮出来。这样做是正常的、真实的。

 ## 当你不知道的时候

我在伦敦大学时，曾有幸目睹"专业方面的真实"。那是我在出席一次学术会议时发生的事。当时会议室里坐满了国际著名的行为科学家。我注意到大家频繁使用的一句话是"我不知道"，或者，用比较学究气的话来说，就是："在有关这一问题的研究方面，我们还没有足够的证据来得出可靠的结论。"

每一个专业的智者都很自信地承认"没有人知道一切"。他们常常说自己"不知道"，然后就去探寻自己所缺少的知识。他们是成功者，不因承认自己的无知而觉得有损自己身份。对他们来说，"不知道"是一种动力，促使他们进一步调查研究，求得更多的知识。记住：即使专家也不是无所不晓。

在我的朋友当中，有许多人是世界知名的人士和企业家。他们都是自己本行业中的杰出人物，但我在同他们接触的过程中，常常发现他们在生活的其他方面却十分幼稚。他们把大量的时间和精力花在了提高自己特有的专长方面，而在与自己工作无关的方面常常很不成熟，甚至难以回答自己业务之外的极简单的问题。

成功者知道，要掌握所有知识，既不可能，也无必要。所以，他们集中精力成为某一方面的专家。他们懂得"门门通"的人是失败者；成功者则是某一方面的大师。

你同样不可能精通一切，也无需成为一切方面的专家。没有人能够在一切时候做一切事情，并使一切人都满意，也没有必要去那样做。当你对自己缺乏信心的时候，请记住专家也有局限，他们通常也只是精通某一个狭窄的范围。

在许多问题上都要承认自己的局限性和别人的局限性。作为一个雇主，他知道他不能期望找一个人把机关里的一切事情都做好。企业家聘用的人都是在某一方面十分能干而在其他方面可能不大能干的人。只要他们在自己能干什么不能干什么方面采取诚恳老实的态度，他们在自己擅长的方面对雇主就是很有价值的。如果他聘用的人都很忠实勤奋，犯了错误也不灰心气馁，他就感到十分幸运，心满意足了。他们做不好的事情，他可以聘请别人来做。如果他们对自己的局限性采取诚实的态度，雇主和员工们就能够共同想办法来解决问题。但是，一旦他们不懂装懂，雇主就不能信任和依靠他们，也就不能继续聘用他们了。

坦诚的你是最具有自信的你

几年前，一位十分有名的演员来拜访我。当时他主演了一部重要的电影，所有报纸都对他的表演提出了批评。

在谈话中，他心神不定，把报纸上的批评一条一条地念给我听，像孩子一样哭着对我说："我感到十分压抑，我再也抬不起头了。我能说什么呢？'我丢了脸！''我演得很糟！''我也不知道是怎么搞的！'报纸会毁了我，我知道我这次算完了，可我怎么熬过这场噩梦呢？"

"你并不是一个演技很糟的演员，"我让他回想起从前他自己出色的表演，对他说，"你是个不错的演员，只是你这次状态不佳，所以影片才没有成功。"

"你忘记了在拍片时你正遇上了麻烦，"我接着说，"不是吗？当时你正在离婚，同原来的妻子经常吵架。后来你的一个孩子在学校里出了事；另一个孩子也因你们离婚心里不痛快，几个月不同你讲话。

"你的生活被搅得乱七八糟,这显然影响了你的工作。"我继续说下去,他抬起头注意地听着。"这是很正常的。你是一个人,而且是个很敏感的人。生活中这么多不愉快的事使你感到难以承受,你被压垮了。生活中的不快影响了你演技的发挥,这是无可厚非的。

"你现在的情况好了,正在开始新的生活,但是,我希望你不要忘记:你是个出色的演员,过去有杰出的成就。"

我向他解释说,人在诚实时就能更富于创造性。掩盖问题或说谎作假,就会使他处处想到如何逃避,一想到自己的错误,还会编造更多的谎言来加以掩盖,把自己搞得筋疲力尽,更加被动。我还对他说,好演员也难免失误,拍出糟糕的影片,这种例子不止他一个。

这位演员后来决定会见记者。我同他制订了一个计划,把他原来害怕涉及的一些问题进行了准备和预演练习。我使他相信这样做可以使他的心情平静下来,他应该对每个人,对公众、朋友或自己的影迷真实地展现自己。

他两腿发抖地走进了记者招待会的会场,简单地说明了他在同妻子分居其间未能把家庭问题处理好,由于精神压力太大未能拍好电影。几分钟后,他便笑逐颜开,讲起了当时自己闹笑话、出差错的事情。

记者们看到这位大明星如此坦率都深受感动,深表同情。由于他敢于诚实地说真话,公众觉得他比以前更富有魅力,在报纸上和影视圈中他的名声都大大提高了。

大约400年前,威廉·莎士比亚就诚实问题在《哈姆雷特》中说过一句深刻而不朽的话:

你对待自己要诚实;

正如白昼过去才有黑夜一样,

对自己诚实,才不会对任何人欺诈。

当你想把自己值得赞扬的地方告诉别人时,做到诚实是容易的。此时,你的自尊心会增加,自责的感受会消失。

但是,在另一种时刻做到诚实就不那么容易了,你的心中有一个声音在悄悄警告你:"别那么傻,只有白痴才让别人知道他有多么愚蠢,多么可笑。"

事实上，你心中的声音是错误的。当你公开而诚实地把自己的情况告诉别人时，人们会觉得你更加亲切可爱。你会惊奇地发现，他们也会以你为学习的榜样，把心中的隐秘告诉你。

一位成功者常常会以轻松、坦率的态度公开谈论自己的错误。他们这样评价自己：

——"我觉得自己太莽撞了。"

——"我在气头上说的那些话，实在有失谨慎。"

——"当时我的看法是有些欠妥。"

——"我准备不充分，把事情弄糟了。"

——"在这种情况下该怎么做，我没把握。"

——"那次是我错了。"

如果你想做一个成功者，要自豪而坦率地讲真话。要记住你是一个人，而不是一架机器，也不是百科全书或一部《圣经》。有时候你会犯错误，会不知怎样做才对，说了话后来又后悔，在判断上也会严重失误。聪明的正常人在生活中都会做出这些事情。

我们大多数人都由于自己的愚蠢行为或缺乏明智而受过屈辱或经受过难堪；当听到别人也同我们一样愚蠢时我们每个人都会感到轻松宽慰。坦率诚实，承认自己没把事情做好会赢得别人的赞许。

流露情感是承认自己需要的表现

诚实是你潜在的力量，要使用这种力量。这种力量会像一盏明灯一样给人一种安全可靠的感觉，把大家吸引到你的身边。我信仰诚实、信任诚实的人，我寻求诚实的朋友。

告诉自己，去做成功者，去发挥你的能力，拥抱你真实的自我。

发挥诚实的潜力可以使你心情轻松舒畅，提高你同别人交流的能力，并增加你的自尊自重。流露感情是另一种潜力，也就是表达内心深处情感的意愿和能力——不论是表达你的爱好，还是承认自己的恐惧或需要。感情流露直接来源于诚实，与诚实有着同样的作用。把两者结合起来既能诚实待人又能表露自己的情感，就构成了一种真正具有魅力的成功者的品质——真实可信。

我们大多数人都害怕遭到别人拒绝，以至不肯轻易表达自己的感情和看法，也很少坦率地讲明自己的需要和情绪。就像所有的人都渴望寻找到自己的目标，并且以自己的方式来生活一样。可是，我们大多数人都发现，从十几岁一直到成年时代的大部分时间，都面临着相同的困难选择：我们希望以什么方式来过一生？我们应该选择什么生活方式？我们应该怎样做，才能使生活充满意义，并带来我们所追求的报酬与进步？我们怎么会知道已经选择了正确的事业或目标？

这些都是很重要的问题，不应该掉以轻心。我们不应该让自己在离开高中或大学后所找到的第一个工作来决定以后一生的职业。我们不应该让父母、教授或朋友来决定我们应该从事哪种行业。我们不应该让经济因素成为影响我们制订计划的唯一目标。

在我所主持的"制订生活目标"的讨论会中，我安排了一个叫做"如果我能从头再来"的写作会。这个写作会的目的，是要人们明白为什么以及应该如何去思考实现某些梦想。人们在写出他们的"如果我能从头再来"这样的文章时，就会考虑到他们尚未探讨过的一些可能性。每一次这种写作会结束后，我都会很惊讶地发现，许多人在真诚地检讨时，都会承认他们目前所从事的，并不是他们真正想要的工作。

表露自己的情感并非代表懦弱，而是你有权控制自己、有权选择自己的生活、有权改变自己命运的一种表现，每个人都不是为别人而活，也许你会觉得这样的话很自私，但这丝毫不能影响你作为一个人的自主权。你时刻都要记住，你有权选择自己的生活，正如你有权表达自己的感受一样。表达情感是一种能力，你不能因其他的原因而丧失这种能力。这是你的权力。

 莫隐藏最能打动别人的财富

我认为，我们大多数成年人，从感情深处来说，仍然像小孩子一样。我们每个人的心中都有一个永远长不大的柔弱的部分，就像一个两岁的婴儿潜藏在我们的下意识之中。我们可能拥有万贯家产、金山银屋；可能拥有倾城倾国的美貌，或因身肩治国的重任而显赫于世，但我们大多数人内心仍觉得自己十分渺小和无能为力。我们担心受到非难、被人拒绝，害怕被人抛弃而孤独一生。

在成千上万的来信读者中，有富人也有穷人，有成就卓著者也有正在奋斗的人。我发现他们每个人都有时会产生像儿童迷路受惊那样的感觉。我们都知道一个人迷了路孤独前行时会有什么样的心境——心中祈祷着自己不要显得过于愚蠢，希望找到正确的道路。

我们心中这种两岁婴儿般的幼稚想法渗透到我们所有的社交联系之中。我们以孩子般的心理担心"如果你了解了我的全部底细，你就会不再喜欢我。如果你知道了我最隐秘的内心、我的弱点、我的过去，你就会认为我是一个毫不可取的令人厌恶的人。"

许多人一想到要把自己的担忧或想法如实地告诉别人就心存疑虑，怕惹什么麻烦，所以他们一般采取"安全为上"的策略，而把自己的情感隐藏起来。这样做就不可能同别人进行正常的思想交流，彼此的关系就会疏远起来，使自己变得十分孤独。这是非常有害的，因为这种被抛弃的恐惧感无所不在，我们在不知不觉之中便把自己置于了一种孤立无援和四处碰壁的境地。

我们实际自我的真实性，即我们为了"安全"而隐藏了的那一部分，实际上正是我们可以打动别人和感化对方的极为宝贵的财富。我们窒息和扼杀了可以使我们变得可爱的那些品质。下面是我们自己制造的一种令人痛苦的恶性循环图表：

这种令人消沉的模式被重复了多年之后，我们就会觉得自己害怕被人抛弃是有道理的，因为我们实际上已多次遭到了别人的抵制，而且我们深信自己无力停止这种令人精神痛苦的恶性循环。

绝不可自诩"十全十美"

无论在家人面前还是在同事面前，我们常常装出一副完美无缺的样子，结果使别人与你更加疏远。我们尽力把自己打扮成完人，生怕暴露出一点点问题或弱点。我们以为这样便可以赢得别人的尊重，结果却适得其反，别人反而回避我们，讨厌我们。

我在伦敦时曾接触过一些少年犯。他们几乎众口一词地说自己的父母就是这种"完美无缺"的人。这些家长总说自己正确，孩子总是错的。孩子们讨厌这种家长。

在婚姻关系中，也可以看到类似的情况。夫妻二人，一方像是动辄申斥子女的永远正确的家长，另一方则是永远做错事的孩子。

夫妻中以家长自居的一方，总是强调说自己有责任心，做事谨慎，处事正确，工作勤奋。他们总觉得自己关心别人，首先想到别人的需要。他们不理解自己的关心体贴为什么得不到回报。

其实，摆出"完美无缺"的样子是愚蠢有害的，一个人也不可能"完美无缺"。只有天真的孩子、盲目的配偶或情人才相信所谓"完美无缺"的说法。试想一下，有谁能长久忍受得了装腔作势、故弄玄虚的人呢！

在夫妻关系中，如果一方一直做出一副"完美无缺"的样子，对方便会推理出，自己只能扮演不负责任和对着干的角色。于是，他（她）便乱花钱、酗酒、大吃大喝、吸毒，或搞出别的什么名堂，让对方嫉妒、猜疑，把自己的反面角色一直扮演下去。

一个人力图使自己和别人相信自己的行为完全正确，实际上是在极力维持一种不可能存在的形象。"完美无缺"是失败者追求的目标，而成功者都支持或相信在正常的关系中，双方应当平等以待，互相容忍对方的弱点，而不能自诩为"十全十美"，高人一等。

不必害怕暴露缺点

几年前，我同著名的喜剧演员杰克·莱蒙首次见面并一同吃午饭。他高兴地向我谈起他的许多情况，也谈到他感情脆弱的缺点，使我深受感动。经过交谈，我了解到他崇高的内在品格。正是这些品格使他能塑造出令人难忘的银幕形象。

莱蒙从 1954 年开始拍电影，一共拍过 39 部片子，7 次被提名为奥斯卡金像奖候选人，其中 1955 年在《罗伯茨先生》中扮演角色获最佳男配角奖，1973年主演《救虎记》获最佳男主角奖。

不论作为喜剧演员还是作为爱情主角，莱蒙都具有非凡的才华。而且我认为，他能从容自若地谈论自己感情脆弱的缺点和害怕自己被否定的心理，正是他这种非凡才能的体现。

他下面的话中就反映了他敢于流露真情的美好品质："归根结底，如果你真正想成为一个使自己和观众都满意的演员，就必须能够袒露自己真实的感情。要做到这一点，你必须在感情上和思想上达到这样一种高度：即能够在感情上把自己赤裸裸地呈现在观众面前，毫无掩饰地暴露自己。不管你是否害怕，都要心甘情愿地去这样做。

"拿登月球来说吧。如果你只差几英寸而未能登上月球，你也应该知道，你比出发时已经接近了 25 万英里。你如果真的登上了月球，那便是伟大的成功! 完全的成功! 马龙·白兰度就能够做到这一点。他曾多次获得巨大的成功。他演得不好的时候，也许非常糟糕。但如果他演好了，则没有任何人比他演得更好。"

莱蒙非常推崇已故的罗莎琳德·拉塞尔在一次表演课中对一群女孩子说过的一句话。"她说："你们必须能够完整无遗地暴露自己——赤裸裸地站在观众面前，慢慢地转过身来，面对观众。'这句话给我留下了深刻的印象。这是一个非常美妙的形象。你确实必须达到这种高度，无论饰演什么角色，都准确逼真，演得极有把握。"

莱蒙认为，演员必须"坚持自己的目标"，要忠于自己的原则，忠于自己的风格。"要这样做你会犯很多错误，要有思想准备，要忍受失败的痛苦，继续坚持下去。道路是崎岖不平的。"

莱蒙说自己是大器晚成。"我知道我对自己有许多疑虑担忧，但我不知道原因何在。我曾感到恐惧、失望，可我总是掩饰过去。我很爱面子，正如法国存在主义作家加缪所说，给人家看表面，而不是真正的自己。

"我不清楚自己现在情况如何，但清楚地知道，作为一个普通人，我的自我感受比以前有了很大的改进。不管我有什么缺点，我都不再十分担忧。我的缺点数不胜数，我并不为它们背包袱。"

莱蒙说："人们尊重和同情袒露自己弱点的人，因为我们大家都有缺点，都受过挫折。

"当你表示诚实时，这些品质就会对你产生作用。你不是完人，就不要硬充自己永远正确。不管你有什么性格，都要让它们发挥出来。我认为，只要你能如实袒露自己的感情，就会受到别人的尊敬。

"我最高兴的是觉得自己受到了尊敬。对此我十分看重，也希望受到尊重，这是我的追求。作为一个演员，一个人，我都希望得到尽可能高的尊重。"

莱蒙指出，他总是抢演"有缺点"的角色。"这些角色使我着迷。我有缺点，我们每个人都有缺点。具有多重性格的角色，比起超人或什么'完美无瑕'的好人，更能引起人们的兴趣。那类英雄人物对我没有吸引力，因为他们缺乏丰富的感情，因而也是苍白无力的。

"我一直认为自己适合饰演有性格的角色，而不是一个专演主角的演员。我所扮演的角色一般也是有性格的主角，具有丰富感情的角色。为此我真要谢天谢地。"

你也可以成为一个具有多方面性格的角色，一个具有丰富情感的人。不要掩盖自己的缺点，这些缺点犹如战斗中留下的伤疤，也是你在人生战场上的赢得的勋章。

想一想你所喜爱和钦佩的人，他们既不是超人，也不是十全十美的完人。他们都是些有血有肉的真实可信的人，会做错事，会哭泣，有痛苦，有失望，是能够表露感情的血肉之躯。

柔情慈善是力量和果敢的象征

你是否打算冒一次险，把你的爱恋和依赖之情、你的忧虑和困惑，告诉你所亲近的人们？成功者会这么做，从而赢得人们的尊敬与关心。

你愿意成为一个亲切和蔼的人吗？你现在就可以开始去进行尝试。你可以以多向人表露自己的感情作为开始。一旦你对别人敞开思想，别人也就会愿意向你袒露胸怀。这样彼此之间就会建立起有益的关系。

我知道，只要人们开始袒露真实的自我，你就可以更多地了解他们，便会不由自主地去关心他们。这种关心还常常会转变为喜爱。当你听到别人讲述自己的经历，看到他们流泪，了解到他们的失败、失望和挫折，你也会被吸引、被打动。

读到这里你是否会摇头表示不同意我的看法呢？你是否常常使用旁敲侧击、讽刺挖苦或者开玩笑，来掩盖事实的真相和掩饰自己的真实感情呢？你是否喜欢在谈话中闪烁其词、言不由衷或言不及义呢？人们是否要看你脸色、猜测你心思，来满足你的真实需要呢？如果是这种情况，又有谁能够真正了解你呢？同你相处，要揣摸你的心思，想象你的需求，这可真是有些过分了。

让别人了解你的感情脆弱的方面，是学习成功之术的第一步，只有这样，别人才会觉得你是和蔼可亲的。

乐于坦露自己的思想感情，对别人是有感染力的。你做出榜样，别人就会跟上来，向你学习。当别人敞开自己的胸怀时，你也会越来越感受到他们性格的各个侧面，好像你戴上了一副特制的立体眼镜一样。一旦你戴上这种眼镜，你就能够清晰地看到别人的善行、美德和好意，也使你更能全心全意地关心别人，为别人考虑，使你得到另一种可以助你取得成功的潜在力量。

成功者奉行自我暴露与待人宽容相结合的哲学，理解别人感情脆弱的一面，可以极大地激励忠诚与奉献的精神。玛格丽特在为她的父亲哈里·杜鲁门总统写的传记中，一再提及她父亲关心别人的事情。

我父亲召见人时不喜欢使用办公桌上的按铃，十次有九次是亲自到助手办公室去。偶尔传唤别人，他一般都自己到办公室门口去迎接……

我父亲在处理白宫日常事务中所表现的这种为他人着想、毫不以尊长自居的作风，成了他周围人员能以巨大的忠诚进行工作的真正动力。

善于表露感情是一种美德，具有人们意想不到的惊人的魅力，犹如灯塔在漆黑的夜晚指导航船走上正确的方向。我认为能够暴露真实的自我可以使人变成一个最高尚、最明智和最有力量的人。

纪伯伦曾说："柔情慈善不是软弱和无望的标志，而是力量和果敢的象征……力量与宽容总是共存的。"

　　要想取得成功，就需要展现真实的自我。这样做，同你接近的人就会做出热情的反应，使你得到意想不到的爱戴与尊敬。

第六章

迎接新鲜的思想

> 每个人都在建筑自己的世界，制造自己的气氛。他可以用困难、恐惧、怀疑、绝望和忧郁来填充这个世界，使整个生活黯然失色；他也可以用胜利、勇气、信心、希望和快乐来构建自己的生活，从而使整个人生充满活力与憧憬。
>
> 思想能带领你走向失败和悲哀，也能带领你走向成功和幸福。生活质量的优劣不取决于外在的情况和环境，而取决于你向心中灌输什么样的思想。请记住古代大思想家马克斯·奥瑞里斯的睿语："人的一生是思想造成的。"

在罗马过除夕，这真是一件不寻常的事情。这是我们以前从未经历过的。在纽约市，我们纽约的老居民，对于任何事情似乎都要大肆庆祝一番不可。不过我们在纽约所目睹的，很难拿来跟这个"永恒之城"的除夕宗教仪式相提并论。

一切活动从 12 月 31 日中午开始，先是礼炮发出隆隆的怒吼，声浪越来越大，引起了四周巨大的回声。夜幕降临后，照明弹一颗颗划破夜空，将这个古老的城市映得宛如白昼一般。最后，到了午夜，各个角落尽是炮声，欢呼喧哗的声音随之而起，交织成一片浓密无边的音网。我们从窗口远眺圣彼得大教堂的圆形屋顶，照明弹在它上面此起彼伏，仿佛千军万马齐聚罗马城。

一切并非仅止于此，还有一个观念，除夕正是他们除旧迎新的时候。不是象征性的，而是实际的行动。他们把所有旧的东西从窗口抛出去，旧衣服、破碗盘、破椅子等等。善良的罗马老人警告我们最好是留在旅馆内不要出去，以免被一架旧电视机或同样重的东西，打破我们的头。

这种观念不仅适用于除夕，而且更适用于我们的日常生活。所抛弃的东西可以从不需要的物品，扩展到排除所有老旧、厌倦、沮丧的思想。每晚入睡前，排除各种心理上不必要的念头，可以使头脑进入理想的状态，以便在第二天重新发挥它的功效。因此，每天晚上，你必须抛弃那些老旧、厌倦和沮丧的念头，以恢复活泼的精神。

 行走的死人

许多人都是死人。我并不是指他们已经停止呼吸或已入土为安了，他们的心仍然怦怦地跳，而他们的肺也还继续在呼吸空气。可是，不管怎么说，他们已是行尸走肉。给你自己一分钟，查看一下大字典上对死亡的定义是什么。这么几句话大概你会读到："死亡是生命的终止……它是一种不复存活的状态——是精神生活的休止或缺乏。"

当你开车在高速公路上行驶或坐在办公室里，或在飞机上时，你看见的人中许多都是行尸走肉——那些无聊至极的人，思想枯竭，漫无目标，他们的精神生活十分贫乏或者已经终结。

这些活死人分布于每一个年龄层、每一种职业、每一座城镇或农村内。他们各自的收入不同，责任与地位也各不相同。

下面有几个特点，可以让你分辨出活死人来：

1.无聊。所有的活死人都对朋友、工作和生活状态感到厌烦，他们也倦于消磨空闲时间，他们对生活几乎毫无兴趣。

2.罪恶感。活死人总是随时对所有曾经做过或没做的事情感到罪孽深重。罪恶感有各种不同的表现方式——对父母、子女及朋友的疏忽，还有欺骗、做错事、浪费生命，都是罪恶感的表达方式。

3.怀旧。活死人宁可后顾，不愿前瞻。对于他们来说，过去也许不都是完美无缺的，可是再怎么说总比目前或将来好得多。那些活死人就是不愿接受"改变也是自然的一部分"这个道理和事实。

4.无可救药的悲观主义。想成为活死人的人，几乎一致接受痛苦的折磨。他们对一切恐怖的消息全盘吸收，诸如战争、强暴、谋杀和抢劫等等。这些活死人之所以吞尽一切坏消息，是为了加强自己的信念：世界很可怕。

无聊的危险

无聊是测验活死人的最佳指标。在你认识的人里，如果有人活得无聊单调、倦怠迟缓，他们就是标准的行尸走肉。他们看不出清晨早起有何意义，并深受种种无聊的后遗症的折磨。

让我们来看看，无聊的心绪是如何侵蚀一个人的。

⊙无聊是犯罪的首要原因。常言道："怠惰是魔鬼的作坊。"这的确是亘古不变的真理。那些无聊失业的青少年，他们的犯罪率比有工作的年轻人高出数倍。无聊总是会催生出一种欲望，让人想做点刺激的事——诸如抢劫商店之类的事。

⊙无聊致使大脑生锈。人的头脑也如身体各部位一样，不用就会退化，无聊便最善于挫伤和减少心灵的活动，以致头脑无法日益进步。

⊙人在无聊时，最容易酗酒或是滥用药物。调查显示，失业率和酒精消耗量之间就有关联。

⊙大部分的家庭问题都是由于沉闷无聊的家庭生活造成的。单调的生活方式无可避免地会导致争执，有时甚至是更糟糕的状态。有些夫妇在生活上唯一的调剂竟然是打架。

⊙无聊阻碍学习。对许多年轻人来说，他们之所以逃离学校，主要就是因为沉闷无聊的教育内容。

⊙无聊导致怠工、意外、疾病，甚至是早逝。

⊙无聊是一种疾病。像所有的疾病一样，对我们的身心有不良影响。

在我们衡量成功的尺度上，有一个重要的指标，那就是我们如何利用时间。我们工作的成绩和效率与我们如何利用上班及业余时间有直接的联系。就今日的工作结构来看，我们的工作中存在着大量的自由时间。假设我们每周工作35至40个小时，仍然有许多空闲时间可供利用。

心理上的营养失调是区分活人与活死人最主要的差别。无聊便是一种心理上的营养失调。那些不能使自己保持丰富心灵的人，便注定了要抑郁不振、受苦受难。

请牢记在心：你把自己的身体调理成什么样子，它就是什么样子。如果你几个星期执意不吃维生素、矿物质、蛋白质以及其他人体的必需品，要想维持正常状态，恐怕连最好的医生也要大伤脑筋了。

同样地，也请你了解一点：心理的健康同你自己的照顾、培养有关。若你一味躲避正面的影响、真诚的朋友、好消息以及其他积极、健康的东西，就算神仙在世，恐怕也无法帮助和挽救你的精神生命了。

我们来看看乔治是如何打发他的一天的。想想看，有许多的人，有些甚至是你的熟人，他们不也是这样吗?

乔治晚起了20分钟，因为他不喜欢他的工作 (所以他下意识地要求比实际需要更多的睡眠)。何况，他只是因为不得已才去上班的。

乔治草草地冲了个澡，替自己倒了一杯咖啡，坐下来收听早间新闻。播音员报道矿井爆炸案，在某个乔治每年都听到的国家，恐怖活动肆虐，国家工业产值锐减。

然后，乔治开车挤上了交通阻塞的公路 (又是一大群晚起的乔治)，准备去上班。收音机的新闻比电视新闻来得有趣，因为主要都是地方新闻。现场播音员正在报道两件谋杀案、三件强奸案、两件交通事故和一场无法控制的大火。然后是"好时光啤酒"的广告。接着又继续播送新闻：地方失业率持续上升，

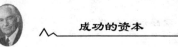

救济金继续追加，市长替一个被指控涉嫌公路受贿案的议员辩护。

乔治抵达办公大楼，惯常的停车位置让人占了 (也许是哪个老手抢先一步)。

在办公室里，乔治没待多大工夫就挨了一顿斥责，因为他的计划方案落后了。

过了一会儿，时钟指着 10 点 15 分——休息的时间。乔治和他的老搭档喝完咖啡，抽着烟聊了一会儿，他的老搭档说：人家说莉丝和贝蒂在搞同性恋，那是真的；同蒂蒂安随时都可以搭上线。

接着到了午餐时间。乔治到街上吃了一份三明治，然后回到办公室，打开一本名为《眉睫之难，千古成恨》的小说。

下午休息时间里的内容和早上差不多。只是他那消息灵通的同事又有了其他"新闻"。

总算挨到 5 点钟，一天里乔治总算第一次觉得快乐些，因为他可以直接到酒吧里去左拥右抱，销魂一番。

消磨一阵子后，乔治挑了莎莉。在去莎莉住处的路上，乔治又听到的新闻是两个球员被指控在比赛中动了手；好莱坞首席明星正在闹离婚；前总统夫人在做整形美容。

乔治和莎莉一起吃晚饭。饭后玩"顶头"的游戏，看谁今天最倒霉。结束时，两人开始争论怎样消磨下个周末。

最后，乔治回到家里，打开收音机收听新闻。根据最新消息，和平会议已经失败；有人企图暗杀一个小国的领袖；天气就要转坏。新闻结束后，《星期四犯罪剧场》开始。

好不容易，乔治精疲力尽爬上床，临了想到了这一天唯一值得安慰的是：感谢上帝，明天是星期五，这个星期只剩一天受人奴役的日子了。

夸张吗?一点也不。上述对于正常生活的描绘，可能因年纪、社会地位、职业或其他因素略有不同，可是从整体上说，对于当代生活方式的形容可谓十分具体。而如果你细心阅读的话，字里行间分明透出心灵的荒芜。

现在，请仔细阅读下列行文：

追求真正美好生活的最基本秘诀：克服任何阻碍你的理想的反面影响，包括来自你的亲人、朋友、工作伙伴或是其他人的压力。

请再三阅读以上字句，充分了解它的意义，然后身体力行，你便掌握了打开财富、自由、安全和平静心灵之门的一把钥匙。

万一你是个性急的读者，容我在此进一步说明成功的秘诀：

想要追求真正美好的生活 (健康、财富、权力、乐趣和尊敬)，最基本、最重要、最绝对的秘诀是去克服 (征服、挫败、毁灭) 任何反面影响 (你做不到、算了吧、行不通、还是妥协吧! 等等)，包括来自你的亲人、朋友、同事和其他竞争者的压力。

 ## 如何抵制无聊的情绪

请记住，无聊是一种心理疾病，会榨干你的精力，腐蚀你的心灵，促使你产生消极的思想。通常，它也是使你沉溺于毒品的导火索，这儿有两种有趣的方法，可以将无聊转化为真正的快乐生活。

1.寻找副业——作为心理治疗

许多人需要打工，不是因为他们经济上有困难，而是因为只有工作才能治疗他们的心理问题。孩子已经上学的家庭主妇、退休的人，以及家庭出身富裕的青少年，他们都应该去工作。因为工作可得到乐趣，可以提供有趣的经验，而且能够帮助人打败无聊的侵袭。在此我可以举个例子，看看一个女子是如何重新发现生命的乐趣的。

芭芭拉告诉了我她之所以出去工作的理由。她和丈夫手头很宽裕，可是她仍然一个星期花两天的时间，在一家珠宝店做事。

"孩子都离家之后，我想自己一定会无聊至极。"她解释说，"多年来，我扮演的角色始终是厨子、司机，以及3个成长期孩子的顾问。可是等他们都离开了，我发现自己简直要疯了。

"我开始整日一人独处在家。很快地，我知道一些朋友像我一样守着空屋在酗酒。我自己也试了一阵子，还好很快就戒掉了。我感到自己已面临真正的麻烦了。

"我能做的只是坐下来看连续剧。过了一阵子，那些杜撰的冲突、麻烦让我觉得很可怕。我试着跟附近的家庭主妇打牌，可是我对玩牌没有什么兴趣，我

甚至讨厌那些无聊琐碎的聊天，虽然那也是一种打发时间的方式。

"到最后，我只好去找心理医生。他做了分析，然后告诉我：'对你来说，最佳良方是去找一个工作。'他说对了。我很高兴一个星期能有几天呆在房子外面，我也很喜欢这份工作。"

我觉得，工作对任何人来说，都是医治无聊的良方。不管他们所处的环境如何，我们所有人都需要工作，以使精神和体力都保持在良好的状态之中。

2.重新走进学校

另一个使你生活快乐的方法是去上学。一般而言，我们上大学的目的是为了从事专业生涯，而且在传统上，大学生都很年轻。如果在几十年前，一个30岁以上的人出现在学院教室里，是会让人深感诧异的。

可是现在的形势改变了。在很多的学校，大学生的平均年龄是30岁，而且还有继续上升的趋势。其中一个理由是，许多年纪较大的人——退役军官、想改行的人以及其他许多人——发现了补充新知识的必要。可是另一个理由是——人数逐渐增加——人们上大学是为了再创造，而非求取事业的进步。在我遇见的人里头有趣的一个是约瑟夫。他是学工程的，毕业后自己开公司，赚了不少钱。等到60岁时，他把公司卖掉了，决定再回到学校去。不间断地念了13年后，他还在学校里。

约瑟夫和我谈过数次，他向我解释说："你知道，上学实在是很有意思，我结识许多比我年轻的人，我听到年轻人的心声，聆听教授讨论新的理论。总的来说，我发现了生活的另一个新层面。我大部分的朋友不是死了，就是在养老院里。如果我不是将自己置身于年轻的环境中，大约活不到现在了。现在我总算认识到自我实现的真谛了。"

"上个学期，"我的朋友继续说，"我的教授着实恭维了我一番。"

"那是为什么？"我问道。

"他告诉我，我对班上贡献不小，因为我有许多有趣而又有用的经验可以引用，有些东西是他讲不出来，教科书上也找不到的。他是这样说的，'你为这门课所增加的特殊风味正是我一直努力的目标。'"

我们大部分人住的地方，离大学校区都不会太远。抛开年龄的顾虑，你可以去上一些你感兴趣的课程。教育本身并不能保证成功，可是对于重振生活的热情，的确是个绝佳的方法。

我的结论是：常葆年轻的心态，尽量接近年轻人，对他们及对你来说，都是大有好处的。

 ## 克服罪恶感

许多人一生浑浑噩噩进而抑郁而终，因为他们无法克服人类最恶劣的敌人——罪恶感。对大多数人来说，罪恶感就站在精神的生死之间。而所谓罪恶感，只是我们对于道德意识的病态心理。当我们做那些自感是坏事的事时，我们就会产生罪恶感，然后这层罪恶感就会干扰我们心理的正常功能。到头来，就只是自我评价的低估、自我憎恨、自我伤害、自我责备，以至于工作效率锐减，任何事情都做不好。

如果不能克服罪恶感，往往就会导致心理疾病。另一方面，一旦能征服罪恶感，就能找到机会，重新建立自信，获得成就，赢得生命中更多美好的事物。

每个人都会受到罪恶感的折磨，因为我们或多或少总会做些自以为错的事情。多年来，心理学家已经争论过无数次，是非观念究竟是生而知之，还是学而知之的？

可是在这儿，我们不打算讨论两者的差异。我们知道那些越轨的、错误的行为所导致的罪恶感，严重地影响了我们日常生活中的行为。

既然我们都有过罪恶感的经验，既然我们都了解它那毁灭性的力量，我们能想出什么对策呢？这儿是另一个例子，说明一个人如何逃脱罪恶感的羁绊，而回到更丰盈充实的生活中。

爱丽丝告诉我一段经验，有关她如何强迫自己推销，后来又是为何停止她的工作的。

"我在一家石油开采风险公司担任推销工作，负责推销股份，"她解释说，"公司负责替我安排可能投资的客户。他们要我去拜访的都是些有点闲钱的人。"(后来爱丽丝告诉我，公司知道他们的一套推销术对真正有钱人根本不起作用。

富人通常对投资之事相当在行，而且一眼就可以看出有问题的投资。)

"交给我的推销计划是，"爱丽丝接着说，"很快把提案解释完，速战速决。如果客户不愿意投资，或是需要点时间来考虑，我得到的指示是做一些坚定的表示，诸如'公司向我保证说，你付得起这项绝佳的投资事业——才不过是区区 5000 美元——可是很显然，你付不起。如果你确实付不起，我不过在浪费时间罢了。'或者像'据说你是个果断的人，原来不过尔尔。'反复说这类话，为的是把客户的心思拉离问题的重心——'这当真值得投资吗?'用话逼使他们说些'你说什么，我付不起?怎么，我的流动资金就有好些钱呢'一类的气话。下一步就是结束推销。经过这一番连劝带逼的手段，事情就容易多了。

"就抽取佣金的观点看，我做得还不坏。然而当我在推销时感觉很坏，因为我知道，公司根本难以勘探石油或天然气。可是真正让我沮丧的是那种推销术，不单是损坏投资者的钱，更糟的是我对自己做事的方法觉得有罪恶感。"爱丽丝坦率地承认。

"那你又怎么做呢?"我问。

爱丽丝回答说："我加入另一家公司。在那儿，最基本的素养是，推销员必须详尽地解释所含的风险如何，而且决不允许采用哄骗强迫的方式让顾客加入投资的行列。销售经理说得很清楚，每年我们都有一个新的开采计划，我们可以回去找老顾客。换句话说这种方法值得采用，因为重复销售才是我们这一行业的生命线。"

"你在这家新公司做得怎样?"我问。

"我的成交率比较低，可是却赚了更多的钱。因为我这种直接方式使得许多客户买了好几股，而以前那种强迫式的推销，客人通常只会买一股，而且没有下文。比钱重要的是我心里平静多了。现在我签合约时，不再觉得罪恶或是肮脏的。相反，我很引以为荣，我在帮他们，他们也在帮我。"

这些年来，我有一个结论：都是那些骗子、逼迫能手败坏了推销的名声。真正聪明的推销员会致力于招呼顾客，使他们心甘情愿地下次再来。他们深知这句谚语的睿智所在："上一次当，是你的错;上两次当，算我活该。"

慎交朋友

在你的心理环境中，最重要的元素往往是其他人。他人——那些和你一起工作、一起游玩、谈天说地的人极明晰地影响了你对人生的看法及态度。事实上，每一个人都是自己与他人相连接的产物。你和朋友之间的交互作用，我称之为是一种脑力激荡的过程。如果朋友激荡你的智力的方式不能让你满意，那么，就换朋友吧!

大部分——事实上，也许是全部——我们的朋友都是意外结交而来的。我们只是碰巧通过其他朋友才认识他们的，或是因为在一起工作，或是为了某些意外的理由，才会成为好友。既然如此，我们要如何做方能选择比较好、比较朝气蓬勃的朋友呢?

这儿有几个问题，足以作为选择朋友的凭证。

首先，这个人眼光前瞻吗?

大部分时间，这个人的话题是绕着过去还是绕着未来打转?我有个朋友实在令人神清气爽，她讲的都是关于如何拓展事业(她是脊椎指压治疗师)，如何装饰房间，如何计划下一个假期，以及子女的教育等等。她对过去的回想只是吸取教训，避免重蹈覆辙。你的生命剩下来的每一分钟都将在未来度过，那你何不往前看呢?世上所有财富与智慧都无法在倒转的时光中获得。

所以，如果你要选择朋友，就挑那些前瞻者，心怀理想、努力追求更美好生活的人。那些最喜欢告诉你日子多难过的人，还是躲开吧。那些认为生活是一所监狱，往后的日子亦将在监狱中度过的人，最好还是敬而远之为好。

其次，这个人是否喜欢与人分享?

大部分你的"朋友"都只想从你的身上获取利益，却不能给你益处或助你一臂之力。为了改进你的生活，应尽量结交那些愿意真心诚意帮助你的人，他们帮你不求回报，只是愿意帮你的忙而已。所谓分享，指的是交换意念，以及传授做事的新方法。

自然，对于那些愿与你分享的人，你也愿意与他们分享你的经验。记住，在建立友谊的过程中，最要紧的一步便是分享。一个好的朋友是在问："我如何帮助另一个人?我能替他做什么?我如何帮助他解决问题?"

相反,一个负面的朋友——你应该躲开的那种——老是在算计:"我如何利用皮尔?""他能为我做什么?""我要怎样才能利用我们的关系,从中牟利?"

对于朋友相交有一个简单的测验,让我们套用肯尼迪有名的一句话:"不要问你的朋友能为你做什么,要问你能为你的朋友做什么?"

第三,这个人怀有野心吗?良友的特征之一是他有一个明晰的目标。他想做点什么事——在组织中力争上游、赚更多的钱、支持有意义的活动,或者替他的子女做更多的事——简而言之,就是勇往直前。当你和有野心、有抱负的人在一起,你自己的抱负和野心也会更加坚定。同样的道理,如果结交的朋友懒惰、安于现状、悲观颓废,很快地你也会被他们感染。

因此,要想打击无聊,选择那些前瞻的朋友,那些愿意与你分享经验、快乐和痛苦的朋友,那些抱负远大的朋友,那些不甘平庸的朋友。

第四,这个人抱怨不休吗?

选择那些对事情往好处想、不往坏处想的朋友,躲开成天抱怨不休的人。如果那些和你在一起的人尽是抱怨自己身体不好、经济困窘、工作不如意、他们多希望早早退休、他们的家一团糟等等,这些会毒害你的头脑,扭曲你的灵魂,侵蚀你的健康。

如果你对现在的朋友感到厌烦,那就换换口味吧。和许多朋友在一起往往只是一种老习惯而已。大部分的朋友只是在一起工作的伙伴,或是关系平常的人,像客户或顾客。

加入新团体,参加教堂聚会,参与特殊事件,加入社区组织,跟那些与你没有业务联系的人往来,他们不会想要利用关系来赚钱,你也不会。试试看,你很快就会发现,这个世界不尽然是"举世茫茫,而无知音者"了。

如果人不想变成活死人不妨参考下列要点:

⊙忍受精神生活的丧失或终结即是行尸走肉。

⊙躲开别的活死人——那些深受无聊或罪恶感折磨的人;那些老是往后看,不可救药的悲观主义者。

⊙运用意志力克服无聊,否则对你的健康大为不利。

⊙远离那些对你的梦想有怀疑的人，尽量克服消极的影响。

⊙考虑找一个临时的工作——治疗良方。

⊙试试去上学——会很有意思。

⊙找出罪恶感的对症良药，享受生活乐趣。

把消极的思想从脑子里剔除

几年前，我有一位很好的朋友皮尔森，他是我的裁缝，住在布鲁克林。皮尔森先生每次为我裁剪一套西服之后，都不忘教导我如何维护这套西装，使它不致变形。"每天晚上就寝前，把每个口袋里的东西全部掏出来，"他说，"以免衣服鼓胀而变形。"同时向我示范如何把裤子挂起来：两条裤管叠在一起，挂在衣架上。这样才不会产生褶皱。

跟大多数男人一样，我身上也带有一个皮夹子、一个信用卡袋、钥匙、铅笔、钢笔，同时也带着一把小剪刀，以便随时把有趣的文章剪下来。我的口袋相当于一个档案柜，装着一天累积下来的各种笔记和备忘录，有时候甚至是几天来累积下来的。我经常掏空口袋，以便重新整理那些收集来的各种资料。我总是把那些一度细心整理的东西加以检查，然后把它们收集起来，这是多么大的乐趣啊。最后，我把笔记和钥匙等其他东西，一起放在抽屉里，以便明天处理。在这种情况下，本来杂乱无章的一堆东西，就被整理得十分妥当，也因此帮助我带着平静的思想和情绪安然入睡，而不会有事情尚未做完的罪恶感。

这种把口袋掏空的仪式进行了几个礼拜之后，我体验到有效处理笔记和备忘录的愉快感觉。于是我开始想到把这同样的程序，应用到处理一个人累积下来的思想、疲惫的态度、沮丧的感觉、悔恨、气馁——这些东西使得我们的头脑变得杂乱无章。根据这些原则，我开始找出并对付所有那些陈旧、疲惫、麻木、沮丧的念头，并且有意识地把它们想象成从意识中流出来，有点像是看着它们流入排水沟。我对自己证实说："这些念头现在从我脑中流出去了——流出我的头脑。它们逐渐离开了我的身体——离开、离开，就在现在这时候，它们完全离开了。"

在做完这项证实之后，我接着采用一种科普米尔在他的一本著作中所建议的方法，这种方法可帮助人们迅速入睡，就是想象"看见"一阵浓雾在意识中涌出并翻滚，把一切事物完全遮蔽了。我发现，采用这种方法之后，更容易迅速入眠，那些可能刺激头脑的思想，则迷失在那阵无法渗透的大雾弥漫的模糊中，那阵大雾在意识和现实的世界中，形成一面墙。结果为我带来一场香甜的熟睡，醒来之后，觉得浑身充满新的生命力。这个方法协助我恢复了每一个成功日子所必需的能力和活力。它为我提供了一个生存的方法，以保持着继续前进的精神。

恢复你的意志精神

如果你认为自己遭遇了许多困难，无法接受任何新的思想，那么我要告诉你："你并不是唯一遭遇困难的人。"我们是自己的主要问题，我们可以从占据及指引我们意志的那种思想形态上发掘基本的原因。

曾经有一位学生，他真心渴望从事一项建设性的工作，他同时参加职业讨论会以及销售人员进修会，希望使自己的工作表现能走向完美。同时他也是励志书的读者，他读过许多这方面的书籍，他写信给我，我们因此而相识。他是个很真诚的学生，努力要把书上的原则付诸实践。

在这种真诚之下，他对每个例子都能产生鼓舞的心情，并采取一种强烈而新鲜的动机。但他总是无法将他的这种兴奋状态维持很长时间，取而代之的则是一种逐渐的衰减。激动的心情总是逐步地衰减，兴奋消失，智力降低，刺激也缓慢下来。这种激励的建立和衰减过程，已连续重复了许多次。他似乎就是无法维持一种积极的心理态度，总免不了发生相反的结果。当他受到热忱的刺激时，他能够表现得很有效率，也拥有进入他组织中的更高阶层的机会；但是当一个消沉的刺激攻击他时，他的工作业绩也随着心理和精神的低落而一落千丈。

这种上下起伏的反应确实很令人苦恼，于是他写信给我，详细描述了他这种反应的善变性。我便建议他去接受心理方面的辅导。按照我个人的意见，他的问题在于他的智力和情绪的平衡系统。但他住在 2000 英里外的地方，所以我建议他向当地的心理学家请教，他按照我的话去做了，结果获得很好的效果。

当我回答他的来信时，显然在不知不觉中提供了一项想法，使他的生活得到很大的转变。在很久以前，我曾读到一段文章，不知道是从哪儿引用来的，大意是"小事情的转变可以扭转历史大趋势"。同样，我们也可以这么说，个人的生活史也会因为一个无心的小建议而转变。在写给他的信中，我引用了《圣经》的一句话："恢复你的意志精神。"我之所以引用这句话，是因为"消沉"这项事实通常都是起源于态度上，然后表现在外表上。

几个月以后，我在洛杉矶的一次销售大会上发表演说，这个人跑上来自我介绍，并提醒我，他写给我的信以及我给他的回信。他说，我所引用的那句《圣经》里的文字，对他的帮助，远胜过他所接受的心理辅导。

"恢复你的意志精神"究竟是什么意思？起初，我的这位朋友对这个问题感到十分困惑，但是这个念头确实"吸引"了他的思考。他知道团队精神、学校精神、公司精神是什么意思———一种团体精神，也是一种很深刻的感觉，关系到忠诚和勇往直前的态度。他分析着，思考的过程也许更甚于一种智力练习。一定有意志精神这么一回事，这必定是指一种混合着情感在内的承诺、奉献、更新的态度——简而言之，这就是鼓舞——他现在已经看得很清楚，它所指的是受到鼓舞，或充满精神。换句话说，就是一种活泼的生命力，不受压抑，不管环境如何，都能充满活力地向前迈进。

"根据这个路线去思想，"他说，"结果我获得了四项原则，不仅能使我受到鼓舞，也能维持着鼓舞的精神，不受到挫折或外力的影响。"

1. 在任何时候，我必须保持"勇往直前"的态度。

2. 我必须培养我的精神品质，以保证我能在顺利或失败的日子里，都维持这种"勇往直前"的态度。

3. 如果我希望能够时时恢复我的意志精神，我必须先恢复我自己的精神基础。

4. 我必须相信，并向自己证实，再也没有任何事情能影响我的精神。

这四项原则使他的个性发生了很大的改变，并且也帮助他在事业上取得了巨大的进步，这种效果不仅可以从他的态度转变上看出来，他事业上实际的成功更是最好的证据。"如果你引用我的这个故事，"他谨慎地说，"请不要提我的姓名，因为我相信，如果我以改变生活的精神基础而沽取任何名誉，则将会破坏能力的流露。而精神力量的流露对我来说，是最重要的。某些令人惊异的现象开始发生在我的生命和精神上。当我真正对这些事情加以思考的时候，变化就降临到我的家庭和事业上。但是，据我的分析，精神的重新恢复，给我带来了最大的改变。"他下了这样的结论。

重新鼓舞自己

美国大智者威廉·詹姆斯说过一句话："我们这一代人的最重大的发现是，人可以通过改变心态，而改变自己的一生。"你怎么想，就能成为怎么样的人。请驱散所有陈旧、疲劳、乏腻的思想，以信、爱、善等积极思想来填补心灵的空虚吧。这样就可以确实改造人生。

上哪儿去找这种改造人格的思想呢？

现在，且让我再为你讲一个故事——一个小孩童年时代的故事。

这个故事说的是"翅儿"——纽约城一帮男孩的首领——不过，她是一个女孩。

这个故事说的就是翅儿，她从不放弃人生，她从不自暴自弃。

这群孩子生长在纽约市东头乱街小巷中，他们都知道如何在那一带喧嚷热闹的马路上避免发生危险。篷车和马车隆隆地在那些狭窄的街道上奔驰，他们拔腿飞奔，经常在巨大的车轮之间穿梭，避免受伤成了他们日常生活的一部分。

他们的童年就是在这种拥挤的街上度过的，其中可有不少的乐趣。他们常常跃入满是瓜皮果壳的东河，探出头来去看某条大船顺流而下。他们常常在杂乱的街上列队而行，那些推车的小贩有时会给孩子们一些吃的东西。他们是一个大声争吵的蜂窝——并不是为了什么争吵，只是觉得大声吵闹好玩而已。

但那些车子对他们而言确实是非常危险的。他们把闪避那些车轮当做一种富有男子气概的运动，但翅儿硬要加入这些男孩们中间。这是在这群男孩们承认她是他们帮中一员之前的事——那时，这帮小男子汉都尽量避免和她待在一起。

一天，翅儿正在闪避一辆飞奔的马车，一条凶恶的狗忽然奔了过来，吓得那匹马一直向前疾奔。车速突然加快，并将翅儿撞倒在街上，她的右臂被夹在另一辆迎面而来的篷车的轮子之间。

说来真是奇迹，她的膀子却没有因此而被扯裂——但自此以后，她的这双膀子却被固定而成为一种可笑的 V 字形。它从肩头向外突出，小臂向内弯曲，指向她的腰部，正好构成一个 V 字。这个 V 字可以前后摆动，指头也略可以屈伸，但就是不能展臂。当她奔跑时，她的膀子就像飞鸟的翅膀一样扑动。

因此，从那以后，这群男孩都叫她"翅儿"。她的小名叫玛丽。

她很孤单，因为所有的男孩都很残忍——都耻于与她为伍。

这样的一种不幸，要是落在其他人身上，多半会一蹶不振，但玛丽却并不因此而气馁。她仍是一个既顽皮又坚强的姑娘，仍然穿着那种不成体统的顽皮姑娘所穿的衣服。她因为自己的残臂而无法再去东河游泳，因此，她只得在河边漫步。

这对许多人来说，他们多半会退入一个甲壳里——把自己深锁在幽静而又沉寂的房中，诅咒他们的命运，痛恨世人，厌恶自己。

翅儿不是！她追求新的生活——在河边。

一个女孩在男孩和男人的天地中，往往会因为她的畸形臂膀而成为被取笑的对象，但玛丽没有否定她作为一个人的存在价值——她没有自暴自弃。

翅儿发现河滨世界，是在一个初夏的时候——商船驶进港口卸货；健壮的码头工人背负外来的货袋；辛勤工作的男人在阳光下叫骂。她喜欢看这些工人工作，不久便和其中一个码头工人做了朋友，那是一个靠血汗挣钱的男人，辛勤而又真诚。当她自称是一个女孩时——她打扮得像一个非常顽皮的男孩——他感到非常惊奇。不过，他觉得她很有趣，其他的男士也有同感。他们会让她跑跑腿，叫她提水桶，拿工具。当她跑来跑去地以左臂提东西时，她的右臂便来回摆动起来。不久，她成了一个有固定工作的女子，在东河码头跑上跑下。她赚到了午餐，同时还有薪金可拿。她做了她应该做的事情，也赢得了每一个人的敬重。

时至 10 月末，干旱的气候来到，天气非常闷热。男孩子们纷纷来到东河，跃进采砂船旁的河中。突然间，其中一个叫瑞德的男孩大呼救命。

所有的男孩都想搭救瑞德，但他被夹在一条泊船和码头的中间。他的两条

成功的资本

腿都被卡住了，他非常恐惧，所有的男孩也很恐惧：万一来了一阵风把船吹向码头，那将会把瑞德挤扁——甚至送了他的小命。

男孩们无计可施。瑞德的处境很糟，而在所有的男孩子中只有一个人可以偶尔触到他，但却没有足够的力量让他脱离险境。

有人去呼救。

救星来了。那是翅儿，她奔跑而来，一双臂膀摇来摆去，好像稻草人被风吹着一般。男孩们叫她离开，但她在码头边沿跪下，并且将左臂伸向瑞德——一下子将他从危险之地拖了出来。

小男孩们感到非常惊讶，不相信他们的眼睛所看到的一切都是真的。

由于翅儿为码头工人工作，使她的左臂特别发达，也让她有力量救瑞德。

不久，这个身体有缺陷的、不受欢迎的小女孩，被这帮男孩子推为首领。最后，所有的男孩都非常敬重她。

这个意志坚强的小玛丽，并非永远是一个顽皮姑娘。之后，外科手术使她的右臂恢复了正常。再往后，她辞去了首领的职务，这使她看起来更像一个少女了。不久，她结了婚，成了一个少妇，开始生儿育女了。

翅儿的事迹证明人性的一大重要事实：思想能带领你走向失败和痛苦，也能带领你走向成功和幸福。生活的环境不取决于外在的情况和环境，而取决于你向心中灌输什么样的思想。请记住古代大思想家马克斯·奥瑞里斯的睿智之语："人的一生是思想造成的。"

据说美国有史以来最有智慧的哲学家瑞夫·瓦尔多·爱默生，曾经说过："一个人整天想什么，他就是什么。"

有一位著名的心理学家则说："你习惯把自己想成什么，就会变成什么。"

思想是实物，真的具有动能。你能凭思想把自己推入或推出某一种环境。念头可以使你生病，也可以使你痊愈。照某一种方法思考，就会引来那种思想所指示的情况。反之，以另一种方式思考，就能创造截然不同的局面。思想创造情境远比情境创造思想还要更有力些。如果你抱着积极的想法，就推动了积极的力量，便会带来积极的结果，积极的思想在你周围造成有利于正面发展的气氛。反之，你若抱着消极的想法，就会在周围造成有利于负面发展的气氛。

恐惧和沮丧就是魔鬼

不健康的思想形态，会阻碍创造性鼓舞的流露，也会限制个人的能力，使它无法发挥效率。在个人的生活中，可能没有比生根于恐惧、怨恨或沮丧的念头，更能使人遭受强烈的折磨。在《圣经》流传最为盛行的时代，遭受这种折磨的人，往往被认为是魔鬼附身，他们称之为魔鬼加身。随着人类文明的进步，这种说法不再被重视，人们往往对它一笑置之。但是，在人们变得更有学识之后，某些人类问题的科学家反而深信，一个人会被所谓的心理精神所控制，如果这种精神是邪恶的，那么称它为魔鬼实在也不算过分。

在意志中活动的积极思想，拥有祛除"恐惧的魔鬼"的神奇效果，而这个魔鬼正是威胁我们幸福和满足的一个最危险的敌人。

我再告诉你另外一个故事，故事主角是当今美国最著名的一位作家，也是我多年的好朋友。某次他打电话到我的办公室。一开始他就冒冒失失地这么说："我在地狱里。"

"你是在哪里打电话的?"我问，我不十分确定他是认真的还是在开玩笑。

"丹伯利，康涅狄格州。"他回答说。

"嗨，听我说，你不该以这种态度来描述丹伯利（距离我住处很近的一个城市），"我说，"那是一个相当不错的城镇。"

我这位朋友显得有点愤怒，他宣称："地狱并不在丹伯利，它在我身上，直接塞在我脑子里，我对它感到十分厌恶。我能过来看看你吗?"

像这种请求是不应该拒绝的，此外，我十分仰慕这个人的写作才华，更和他有着极深厚的友谊。

他在我的办公室里踱着方步。"我再也写不下去了。"他咆哮着，"我已经丧失了写作的能力：没有灵感，没有创意，即使我有了灵感和创意，也没有能力把它们表达出来。我觉得我好像是死了一样。就是这么一回事——完完全全死了。"我让他充分发泄他的感情，然后提醒他，他拥有超级的思想和杰出的技巧，可以想象并用文字把它们明确地表达出来。"但我再也无法明确地思考，因为我的脑子里充满了一大堆悲哀的思想，根本不可能进行积极地思考。"

"好吧，"我说，"我们来处理这个难题。我们来个真正地清肠泻肚，并且挖空你的头脑，然后我再来清洁你的头脑。让我们的亲密关系是干干净净的，就像一位可怜、迷惑的家伙，来求见他的牧师。不要欺骗，因为如果你编了一个假故事，我立刻就会知道。只有完全真实，这个治疗方法才会生效，你必须把所有的那些厌恶思想倾诉出来，它们已经占据了你的思想，并正在毁灭你的幸福，更可能正毁灭你。"

他开始说话了，一大堆恐惧和悲哀的思想，夹杂着强烈的罪恶反应，以源源不绝的流畅速度倾泻出来。毫无疑问，这证明在他个性的潜意识里，存在着精神失常。这种发泄的方法，显然带来了短暂的解脱。于是我建议他去接受一系列的精神科医师更进一层的分析治疗，他很谨慎地接受了一段时期的这类治疗，结果他最后终于能够抛弃这些老旧、麻木、阴沉的思想，而恢复了他已经有好几个月所遗忘的活泼个性。事实上，他十分高兴地说，他从来不曾感觉到如此有活力过。更重要的是，他能够维持这个新产生的心理力量。"我杀死了那个魔鬼，"他宣称，"并且逃出了地狱，或者我应该说，我把地狱从我身体里赶了出去。我真是高兴。我真想不通，那些老旧的不健康思想，怎能阻隔了灵感，并使我的奋发心停顿？我真不相信有这种可能。"

但是，想完全恢复这些新的力量，当然是有可能的。事实上，在你抛弃或除掉老旧、厌倦、沮丧或恐惧的思想之后，就能经由你的意志释放出一股坚强的力量，而当这种驱逐魔鬼的活动发生之后，奋发激励的力量将再度发挥效力，不受任何阻碍。还有，像这种过程能使一个人对他自己的潜力产生新的控制，因此，他也就更能美妙地维持积极的思想，不管可能遇到什么险恶的环境。

改变你消极的习惯

此时此刻你读这本书，脑子里一定会潜伏着某些积极的念头。发挥并培养这些积极的念头，便能解决你的财务问题、事业状况，照顾自己和家人，得到成功。这些创新的想法源源涌入，不仅能改造人生，还会使你自己也跟着改变。

为了改变环境，首先要改变思想。别悲观地接受你不满意的情势，要在脑子里构思理想的环境。构思出一切细节，坚信这幅心像，保持信心，为此祷告，为此努力，你定能实现目标。我真希望年轻时早一点发现这项真理。我是到了后半辈子才想通这个道理的。

简而言之，这项成功定律就是：相信便能成功。成功生活的要诀，在于超越你的失败——不要为错误而哀伤，放下内疚的担子——坚定地进入人生的佳境。

消极的习惯，是你的死敌。你也许已经习惯某些不良的思想和行事方式，除非下了巨大的决心和采取了非凡的行动才能改变。你也许已经陷入忧虑的深坑，不能体谅别人，或落了与快乐背道而驰的其他习惯的漩涡。

现在，且来看看你的习惯——那些消极的令人感到无力沮丧的习惯，它们把你与快乐阻隔开来。

你要不要一面镜子帮助你去改变它们？这倒不必。但你必须要有一面心镜，才能像别人一样以客观的态度看你自己，才能看清往往在无意识中使你不能享受美好人生的那些习惯。你有没有这样的习惯：只是瞧着人家说话，但不表示你自己的意见？在习惯上，你是否会因为害怕晒伤或冻伤、淋雨或着凉而回避了一次有趣的旅行？或者，你是否会因为出手太快，不看清形势就下注，而成为一个习惯性的输家？举起你的心镜，照照你的不良习惯，认真地从内心审视一下那些妨碍你快乐的事情。

打破习惯虽然是一件难事，但并非不可办到，只要你能看清你的不良习惯；只要你有成功的决心；只要你肯努力去改，那你不但可以改变它们，而且可以由此获得更多的快乐。

再来一个建议：不要为你的享乐定下条件。

不要说："等我赚到 1 万美元，我就开心地玩玩。"

不要说："等我上了那架通往巴黎、罗马、维也纳的飞机，我就快乐了。"

不要说："等我到了 60 岁退休时，我就躺在甲板的躺椅上晒晒太阳……"

享受不应该有"假如"等条件。一个思想消极的百万富翁也许会念念不忘地说："如果有人把我的全部积蓄偷去，那就没人理我了。"一个思想积极的人可以对他自己说："如果债主逼我，我非和他玩捉迷藏的游戏不可，那我就以做体操为乐。"不要哄骗你自己，只要你真心去享受生活的乐趣，你就会发现生活的乐趣——只要你能与你的好运相处。

最后我不厌其烦重复一句：你能与你的好运相处。

因为我知道：不能与快乐相处的人实在太多了。这些人获得一次大大的成就之后，不但不能轻松愉快，相反，却更加焦虑起来。在他们心中，每个人和每件事，都在紧盯着他们——疾病、诉讼、意外、税务，乃至亲戚。这些人根本不肯放松心情——除非再度尝到了他们一直期待的滋味：失败。

你要追求快乐，不要追求痛苦。你要对快乐的美德充满敬意，你要觉得你是有权享受快乐的人。你可以在下述的小小事情中找到乐趣：美味可口的食物、热情真挚的友谊、温暖宜人的阳光、鼓励的微笑。

通达人情世故的莎士比亚在《奥赛罗》一剧中写道："欢愉和行动，使时光短暂。"不论长或短，你要使你的时光充满愉快的微笑。

"欢愉不是人生的一部分"，说这句话的人甚至可笑，因为他懵懂无知。但你要宽容他，因为他没有你明达。

因为你读到此处，已知事实并非如此。

你已知道：快乐是真实不虚的事实。

你已知道：快乐是你给自己的一种礼物——不止是圣诞节如此，一年365天，天天如此。

学习适应新的生活模式

每当你放弃一种旧的行为方式时，即使那是一种有害的或使你失败的习惯，你也可能会产生一种很强烈的失落感，在一段时间内你会感到惋惜，下意识地怀念某种习惯，尽管它曾经伤害过你。你想念这种习惯就像是想念久别的家人或朋友一样。

由于你丢掉了旧的生活模式，会感到空虚，无所适从。在你学习新的、有益的生活方式来填补这一空白时，这种空虚感会延续一些时间。这种感觉可能表现为忧郁或对焦虑的压抑感，使你无法思考任何具体的问题。尽管你知道旧的生活方式对你的生活有消极影响，妨碍你充分发挥自己的潜力，但你仍然对它恋恋不舍，并为离开了它而悲伤不已。

你的思想是矛盾的：你的理性说，丢弃失败消极的习惯是完全正确的，是完全应该的，但你的内心却在为丢弃的东西惋惜悲伤，你的理智和感情并不同步，一直处于一种摇摆不定的状态，一会儿说："是的，我很想有所变化。"一会儿又觉得："不行，那样太可怕了。"这种犹豫不定的态度使你不敢勇敢地抓住机会，去改变自己的生活。你现在就应该去改变自己，争取成功。

勇敢地争取成功，之前的生活方式所带来的痛苦与不安很快就会消失。如果你明白孤独惆怅无济于事，忧虑和悲伤的阶段很快就会过去。你应当把那种使你平庸无为、悲惨和不幸的生活模式抛弃掉。这样，你便可以取得更多的成功。

为了更有效地解决你的问题和改掉导致你失败的习惯，你必须同自己顽固的自我进行斗争，下述比喻可帮助你了解下意识行为的顽固性，认识到要进行变革会在你的思想里引起何等的担忧。

 ## 古城堡中的卫士

你的自我就像是古城堡中的一个年迈古怪的卫士，日夜不停地四处巡视，守卫着你的下意识这座城堡。他的职责就是检查你的言谈举止，确保你的一切保持不变。对他来说，没有变化就是"万事大吉"。

只要一切维持现状，这个卫士就感到舒服。他要确保你做每件事情都按多年形成的老办法，像狗一样东嗅西嗅，检查有没有不熟悉的气味。一旦发现你有什么异常的行动表现，他就要加以禁止。

他有坚定不移的信念。哪怕你的生活模式不断地使你失败受挫，他也非常乐意让你继续走这条失败的老路。

这个卫士——你的自我——把你的愿望说得非常可怕。"你如果想改变现状，"他说，"你就会遇到非常可怕的事情。更糟的是，我就不能再为你服务，就会失业没事可干了。你要听我的话。这些年来，我使你的生活过得平安无事，难道不是吗?你可能心里不痛快，但至少你还活着嘛!

"你要当心啊，如果你想改变，可就没命啦!

"我这样说，不是没有理由的。你在发愁，感到不舒服，甚至做梦也会梦到你自己或你所爱的某个人正在死去。所以你不要听皮尔那个老头的话，你一改变就会出现可怕的事情! 更坏的是你将失去我这个忠心耿耿的助手。你要搞清楚，原来怎么做，现在仍然怎么做，按照过去的方式生活下去。"

如果你不同意他的看法，抱怨自己一直是个失败者，你生活中痛苦太多，欢乐太少，这个老家伙就会貌似亲切地回答你说："你的生活中确实一直缺少欢乐，这一点我是同意的。你觉得自己的生活不充实、不顺利、没有意义，这也没错。"他先是低声下气地承认你说得不错，但马上就又发出一连串的警告："但这些年来，我们都这样过来了。你听我的话，咱们一直生活得平安无事。而且，你虽然知道我们的现状，但你却不知道，你如果想要争取成功会发生什么情况。为什么要去希望得到一种没有把握得到的东西呢?那可太危险了!"

 ## 新王国里的老卫士

正是这位下意识的老卫士造成了你的畏惧心理，扰乱了你的希望和梦想。他的目的就是使你感到害怕，永远不去改变现状。千万不要去听他的话!

尽管这个卫士发出不祥的警告，但当他看到自己无力去阻止你改变，看到你的新的行为方式正在建立起来，他就会很快地放弃对你的专制，转而支持你的变革行动。

当你抛弃了无能、没有价值的感觉，开始学习如何接受赞扬、肯定和恭维时，那个老卫士也会感到有压力。他会孤注一掷，让你再出现背痛、恶心、手心出汗、发烧脸红、视力模糊或者脖子酸疼、胳膊疼、腿疼等病症来吓唬你，把你拉回失败者的行列中去。每当他想到自己要失业没有事干，就会让你痛苦呻吟一阵。

尽管我总是建议当人体有毛病或感到疼痛时要去找医生治疗，但我希望你能了解，在争取成功的过程中，你可能会感到身体有短时间的和明显的不适。这种身体不适的信号是对于成功的压力和对变化的恐惧所产生的正常的心理反应。在你大胆违抗你心中的那个卫士的旨意而努力争取成功的时候，这种反应是十分明显的。

一旦你开始行动，并在心理上感到自己应当享受到更多的幸福和欢乐时，你对成功的畏惧感就会慢慢消失，身体里的那些病症也随之销声匿迹。但是，即使如此，你仍需时刻警惕那个老卫士再次把你从精神振奋争取成功的道路上拉走。要知道，他无时无刻不在想着要把你拖回那个他所熟悉的失败者的舒适的城堡中去，正像你想要做一个信心十足、幸福欢乐的成功者一样。你们二者的目标相反，但欲望却同样强烈。

所以你要经常保持警惕，不要让一丝一毫的消极因素侵袭你的思想。假定我们已经过了几个月了，你已认真学习领会了本书中所讲的理论和方法，并且取得了一些成功，那个老卫士也勉强同意参加了你的新城堡的工作，你自己也尝到了甜头，家庭、工作和人际关系方面都显出了新面貌，但你仍然需要保持警惕！

由于你对成功的畏惧心理由来已久，完全彻底地根除旧的生活模式并不是一帆风顺的。一项新的有重大意义的成功的出现，都会使你产生畏惧和顾虑，影响或妨碍你继续前进。你甚至会自毁防线，败退下来。

但是，不要担心。这种情况也是暂时的。要紧紧盯住自己的目标，不要偏离通向成功的道路。

第七章

开创积极的生活

> 只要你真正接受自己以及你生活的世界，你便为你积极创造的人生埋下了地基——这也是正确人生唯一坚固的基础。

> 你不必用现代的机械奇迹去完成这个创造日，机械可以帮助你，但也可以伤害你。只要你能发展你的情感、精神和思想能力，只要你了解成功地面对人生所需要的无形物质，你就可以开创积极的生活。

正如我们毫无疑惑地养成行事的习惯一样——例如刷牙、扣扣子、洗碗盘——我们也会不加选择地采取因袭的思想方式；我们往往不加批判地接受毫无道理的思想模式。

以创造的生活为例。我觉得，大多数的人认为，花时间去思考创造的生活，是一种愚蠢的事情；我们的生活方式，不是动的就是静的；不是积极的就是消极的；加以计划，是没有益处的。

这种想法，我不同意。

我坚定地相信：健全的计划，可以为丰富而又富于动力的生活播下种子。

 接受你自己及你所生活的世界

人类在使自己超越一般动物状态的过程中，曾经运用计划去达到他所向往的目标，其中多半并非流行一时的成就。

一位现年 42 岁的成功医生，他的这种终生工作，也许他十几岁在高中读书时就已经想好了。如今喜欢本身的工作且获得优厚报酬的律师和物理学家，也是一样，早就以类似的计划为他们的成功铺了道路。

世界最伟大的发明家爱迪生（关于他，我们可说的还有更多），当他还是一个 6 岁的孩子时，就在一大堆的实验器械当中从事实验工作了。

许多伟大的娱乐家，例如奥康诺等人，自幼就开始从事表演工作，以自己的亲身体验和实践发挥着他们的才能。

均衡的创造生活，也是一样，必须尽早预期。不论是青年时期、中年时期，还是老年时期，都应有个计划——但要立即开始。

无论你在中学念书时；在大学攻读时；在开始第一个职业时；在生儿育女时；在建立事业时；在培养你的成熟思想时；在探望你的孙儿孙女时——在所有的这些时刻中，你都应该更进一步为你的未来计划，永无休止地以生活来充实你的生命。

在你的计划中，最重要的一点，是培植你在世间（而非世外）做人的自信，每一天都充分地去生活，绝不因为害怕人生的种种磨难而逃避现实。

我们人类从幼年至老年所要追求的，就是追求一个健康的积极思想、一个健全的自我心像。如果我们想更早地实现自己的梦想，我们就应在少年时期追求它。而假如我们够聪明，并不希望在崇拜假神和没有价值的价值观中失去它，我们就应该在成年生活中努力加强它，尽毕生之力去追求它。假如我们够理智的话，我们就应该在晚年时期继续去建设它，而不应消极地逃避人生。

每一个人都必须明白：充实的生活是在"今天"。我们必须知道：每一个日子都需要当做生活的一生，把昨日的错误丢进时间的坟墓之中。当我们懂得应付消极的思想情绪，并由此充分体会人之所以为人的道理时，那么，年轻的人就会成熟；成熟的人就会年轻。

这并不是一件过于简化的事；其他的一切倒是真正简单之事而过分复杂化了。

你必须学习现在就实实在在地接受你自己，这是最为根本的一点。

我并不是说，你应该经常对自己说，你是多么的美好，你是怎样地比任何其他人优秀。再说一次：那是一种背离自己而进入幻想世界的自恋方式。你的自尊自重必须合情合理，必须考虑到你周围的人；你要从你得意的时刻看你自己，并延续扩展此种得意时刻，同时还得诚实地看待你的弱点，并以谅解的态度对待你的弱点，就像你以同情的态度去看待你的好友的弱点一样。

我的论点是：你必须尽早对自己产生足够的好感，以使你不致逃避生活。你必须养成一种在人世和生活中接受自己的习惯，绝不能退却——纵使你看不出你自己有什么十全十美之处，也要如此。只要你真正接受你自己以及你所生活的世界，你便是为你积极创造的人生埋下了地基。这是正确人生的唯一坚固的基础。

 就在今天积极创造生活

这本书所讲的是积极创造的生活。积极创造的生活不在明天，也不是等到人类问题在某种乌托邦的理想背景中获得了解决，而是在今天。积极创造的生活就在今天，就在有着头痛和心痛；有着麻烦和灾难；有着欢乐和满足的今日世界之中。

积极创造的生活，就在人口越来越多而空间越来越少，有着种族歧视和核武器的今日世界——就在今天。

积极创造的生活，就在色情泛滥、有着冲浪快艇、色情舞蹈和迷你短裙的今日世界——就在今天。

积极创造的生活，就在追求新观念、新价值，有着存在主义、有禅、返回宗教信仰、自我反观的今日世界——就在今天。

积极创造的生活，就在走向郊区有着庞大的购物中心、拥挤的超级市场，以及媚人时装的今日世界——就在今天。

积极创造的生活，就在公路上拥挤着汽车、交通阻塞、贫乏、瘫痪性大罢工的今日世界——就在今天。

积极创造的生活，就在自由交换意见、矫正过去谬误、反抗不仁不义、支持久被压迫的民族的今日世界——就在今天。

积极创造的生活，就在心理知识日臻完善、大悟人类动机、神经紧张的今日世界——就在今天。

不错，这是一个最不完整的时代，但这个世界也有它的好处，你必须发掘这些好处。这个世界有它的美好价值，你必须发现这些价值。这个世界也有你，你必须发现你自己。

你必须生活在这美好的今日世界之中；你必须在这今日世界，学习去过美好的生活。不要理会明天，想想今天吧。

让我们把今天定为创造日：让我们不要虚度今天；让我们把今天看做良机难再的日子。我们必须尽己所能地去做每一件事情，使每一天成为一个美好的人生。每一天，我们都必须消除我们在这个世界之中的消极情绪和消极思想，使每一天都成为一个美好的日子。所谓今天的创造生活，就是使今天成为一个创造的日子，然后又使另一天成为一个好日子，接着又是一个好日子。一天一个好日子，你把一连串创造的日子累积起来，便有了一个积极创造的人生了。

你无须用现代的机械奇迹去完成这个创造日；机械可以帮助你，但也可以伤害你。只要你能发展你的情感、精神和思想能力，你就可以完成这个创造日。只要你了解成功地面对人生所需要的无形物质，你就可以完成这个创造日。

我们将在这一章讨论你的创造日的构成要素，并且把它们一一列举出来。

奥古斯丁说过："这个世界是一本书，不旅行的人等于只读一页。"我希望你在读这本书的当中能够"旅行"，不过，假如你只想读它一页的话，那就读读关于你的创造日（Create Day）的种种方面。

1.C：专心致志（Concentration with courage）；

2.R：回归自己（Return to yourself）；

3.E：聆听别人（Ears for others）；

4.A：积极肯定（Affirmation）；

5.T：自我训练（Training in self-discipline）；

6.I：善于想象（Imagination）；

7.V：V 即胜利（V for victory）；

8.E：热烈急切（Eagerness）；

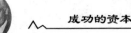

9. D：日日成长（Daily growth）；

10. A：调节适应（Adjustment）；

11. Y：渴求改善（Yearning for improvement）。

 消除杂念向目标前进

现在的你应专心致志。聚精会神地专注在当前的一个问题上——例如如何去过一个积极创造的日子。

从一本书或一部戏来看专心致志。书和戏都有开头和结尾，思想也不例外，也有开头和结尾。从这点可以知道，你的思想会有一个结局——一个答案、一个解决的办法。从这点可以相信，你可经由达到目标，去发展专心致志的心灵力量。

一封信，也有开头和结尾。写一封信，困难是在于坐下来动手这个行动。但是，一经有了开头之后，结尾便遥遥在望了。同样，当你开始把心思集中在你所要做的事情上面之后，它的目标——过着一个积极创造的日子——便在你的眼前了。并且，一切的一切都在眼前了——为什么？你几乎已经达到目标了。

专心致志，对你的生活非常重要。你只要清除心中的一切杂念，清除得干干净净，只需要为这个特殊的日子制定一个计划，那你就可以对准你的目标向前挺进了。

因此，专心致志是一个非常简单的事情。只是你必须开始行动。

有了开头，还要勇于尝试，只有敢于尝试你才算达到真正的专心致志。

因此，专心致志包含有勇敢的意思：你要勇于起步和积极地尝试才行。你与你的成功机运，必须有一种合作之感才行。

专心致志包含着解放的意味——从消极的意念之中解放出来。你必须从内心剥离每一种消极的思想，让更积极的思想来替代，并且让积极的思想自由自在地发展下去。

我们往往奴役我们的思想：滥用自责来束缚我们自己；用锁链锁住我们的思绪；以禁忌的围墙来隔断我们的感情。

我们以自圆其说的方式来自欺。我们为了不必要的限制找借口；我们甚至会否定积极生活的可能性。我们宣判自己终身监禁——我们唯一的罪过是一连串心理的错误。

你必须把自己从这种想法之中解放出来（这种想法会使你的热情萎缩），并且去了解你的能力。

许多历史学家认为，美国已故总统肯尼迪的身价，将与日俱增，如果所言不差的话，那将是他能够集中思想和解除思想限制的一种反映。热情在政治生活与国际关系方面，刺激了人们的想象力。

比起肯尼迪的世界（在他未遭到横死之前），你的世界自然要小得多，但你的世界对你，跟他的世界对他，具有同等重要的意义。如果要过积极创造的日子，首先，你必须能够专心致志。

忠实地认识自己，倾听别人

你要真诚地对待自己，绝不可欺骗自己，要善于认识真正的自己：在创造的日子当中，如果不逃避人生，我们必须利用自己的潜在能力。思想是人类最高的天赋，它也是使我们优于其他动物的所在。不论我们的能力是什么，我们总能对这些能力加以思考。不论我们所想的限制是什么，我们不但必须对这些自加的限制有个明白的思考，同时还要知道，我们比我们所想的自己能干得多。我们必须知道，这种认识不止是冥想而已，它也是力行的思想。这里所说的思想，不是消极被动而是积极主动的一种思想。

如果要使自己感到安全可靠，我们必须运用脑力，去了解自己和别人。正如我们要在工作方面培养一种技能才能赚钱谋生，我们在思想方面也要成为一种技工才行。光是守着工作是不够的；我们在人生工作中的一部分，是去了解自己和他人，谅解自己和他人的错误，避免过去的消极情绪，专心致志于我们的生活乐趣和成功。

我们必须每天都要表现真正的自己、认识自己。每一天，在努力解决生活问题之后，我们必须把自己看成有价值的人。

我们必须以更大的决心寻找那个真正的自己，就像麦克阿瑟将军当年带着胜利返回菲律宾一样。

这句话是不是说得太滑稽了？

一点也不。

为什么？

因为在生活的过程当中，我们中有不少人背离了自己，忘了自己是什么人，忘了我们的成功之处。我们摧毁了自己的生命力，就像蛀虫啃噬毛料一样。

假如我们过去曾遭受失败（我们每一个人都曾遭受过失败），我们也许会害怕现在可能再次遭遇失败，如果是这样我们就错估了我们的前途；扭曲了我们的个性；背离了我们自己；背离了我们的庐山真面目和实际能力。

我们绝不可以自恨背弃我们个性的力量，我们不应背弃自己而走向虚无空寂，或退向一种没有个性并消极的生活。

我们必须每天抽出时间——即使是 10 分钟或 15 分钟的时间也行——来振作自己，寻找我们自己，反观我们具有极大潜能的个性。我们必须承认我们的失败，但要了解失败只是人生历程的一个逗号。我们中没有一个人是十全十美的人；我们不应该排斥我们可以改善的机会。

作为你的创造日的一部分，你必须返回"你的心中"，暂住一会儿。并且记住：

1. 你未来的工作可以获得成功，就像你过去的事情曾经获得成功一样；

2. 你可以矫正错误，超越失败的障碍；

3. 每一天都是一个新的一生，你必须重新开始，达成你每一天的目标；

4. 有了这种认识，你就变成自己的主宰者，并积极地为自己计划每一个日子；

5. 消极的情绪会使你背离自己，使你对自己大打折扣；

6. 你必须每天跟消极的情绪战斗，努力去完成你自己的意愿；

7. 傲慢会使你背叛自己，背叛他人，背离上天；

8. 表现真正的自己，可以使你有机会从错误中获得助力；身为你自己的整形外科医生，你不必用刀就可割去你所恨的毒瘤，进而改善你的思想；

9. 只要有一个积极的思想，你就用不着逃避人生或逃避你自己。

"回归自己、认识自己"为什么是创造生活的一面呢？

因为，只要你感到有这种内在的堡垒，你就不必去找借口逃避生活了。

借用斯蒂文的话："忠实地表现我们自己，尽我们的能力去生活，这就是人生的唯一目的。"

另外，我们还必须能勇敢地面对他人，我们必须培养聆听别人的耐心。听听别人的谈话，而不仅是听听自己的谈话，对我们是一件不可忽视的事情。

听话的艺术就是了解的艺术：它是一种进步的艺术。在运用这种听话的艺术时，我们必须把耳朵当做两双额外的眼睛。我们的眼睛时睁时闭；它们见到光就会睁开，遇到刺激或可能的危险就会关闭起来。我们要学习听取别人的意见，要知道别人也和我们一样——既然他们有缺陷，我们也有缺陷。我们要学习听听理性，因为，在这个世界上，理性往往很难受到重视，人们都不肯听它的，但理性却能引领我们跨越重重障碍。

凡是有交往，就有进取；我们必须随时随地地培养进取的精神。

我们必须为自己而使用耳朵，去聆听我们的心跳；聆听在我们心中送走快乐和忧愁的钟表；聆听可作为我们朋友的积极正确的思想。如果我们必须充耳不闻，我们就学习不听一偏之见和模棱两可的话，不去理会日常的消极情绪所带来的威胁。

肯定人生才能创造积极的生活

你不能逃避人生，不能弃绝人生；你要肯定人生。你不能逃避你真实的自我，不能弃绝你个性的力量；你要肯定你的存在，要晓得：没有对自己的肯定，就没有生命。

这是每天创造生活的一个重要因素。你因为渴望而运用你的真正潜能。你必须天天有渴望，不仅是为了你自己，也是为了别人——你的朋友、你的邻里、你的同事和你的家人。你绝不可以让你的胜利蒙蔽你身为人类大家庭之一份子的角色。你必须肯定你的人类兄弟；别人的不幸就是你的不幸。人溺如己溺，人饥如己饥，你必须设身处地为别人着想。

你必须深信今天和明天。人生天天在变；你必须把每一天都用在有价值的目标上，同时避免消极的情绪，并积极地发动你内在的个性力量。我反复申述此点，因为它是生活的基本要求，不可或缺。

如果要过一种创造的日子，你必须相信你自己，相信他人，相信人生的创意。

为成长而自我训练

自我训练是你获得成长的钥匙，没有它，你就不会快乐。自我训练可以分清楚我们能做和应该做的事情，在我们的创造日中，我们要活得有规律，继续不断地设定目标，不要让啃噬的白蚁把我们弄得一无所有。

我认识很多著名的人物——经理、政客、歌星、影星、医生——对他们的情感创伤相当了解。一帆风顺的人很少；多数的人都曾犯过大错，但都以坚定不移的自信克服了困难。节制是他们打开成功之门的工具；自我磨炼则是他们的有力武器。

所有的艺术家，在他们成为艺术大师之前，一度忠实地做过艺术的奴隶。所有的音乐家，每天都要像奴隶一般自制地去从事练习；除非不想成功，否则必须不断地反复磨炼。

泰德·威廉斯当年立志要做一个成功的棒球杀手，结果他真的就成为棒球史上最棒的投手之一。但他的成功，是靠磨炼得来，而不是靠魔术。

同样，假如我们要求生活快乐，也必须磨炼自己不可。设定和完成目标，也要靠磨炼才行。罗马哲学家伊壁克·泰托斯说："只要你愿意过着良好的生活，习惯就会使你活得快乐。"只要我们能够养成自我训练的习惯，天下就属于我们。如果你想养成天天训练自己的习惯，那就进行下述的办法。

闭上你的眼睛，注视我映在你心幕上的影像。我在做拳击示范——虽然我不是一个拳击手。当我打击我的假敌人时，我已经学会灵活地闪避。我的腿快，我的拳快，我的心更快；我已经把自己训练成一个可以击败敌人的拳手了。

你也可以用训练拳击的方式，来磨炼你自己，使你自己能够为日常的生活而战斗，以达到你的生活目标。

你可以把自己训练成快速灵活，用来自卫并挡开你的敌人、恐惧、消极、惰性、冷漠。要紧的是，要你从父母与子女的关系中，去了解训练的意义。

距今大约100年前，维也纳有许多产妇死在当地的医院中。一位叫做克莱茵的教授说，那是因为受了空气的污染；而一位叫塞马维的年轻医生却不这么认为。最后，他终于发现，使产妇死亡的产褥热，是一种血液中毒，由诊查产妇的医生手指污染所造成。克莱茵教授代表权威，代表事物的既定秩序；塞马维代表自由思想、代表真理。权威把塞马维赶出了医院，他以余生去追求他的原理，为真理而战，但权威不肯聆听他的话。最后，塞马维检查一件取自己经死亡产妇的组织标本时，无意中割破了他的手腕，很快地发起烧来，结果送了命——死于产褥热。他以生命证实了：自由思想可以战胜权威。

权威与自由思想及家庭（父母权威对子女的自由思想）之间，总有一场战争进行着。子女有希望，因此未来属于他们；父母已成熟，因此智慧属于他们。父母的权威，如果涉及处罚、固执和缺乏了解，便属不智了；因为这个训练会在父母与子女之间，造成一条鸿沟。对于渴求指导的孩子来说，适当的训练是有益的——不像克莱茵教授处罚塞马维医生那样有害。训练对于使用训练的成人，比对于接受训练的儿童，更有考验的意味。了解和自重是创造性训练的指导要则。

创造性的训练，是父母与子女之间的一种合作——已经犯错误的成人的自我心像，与将会犯错的儿童的自我心像之间的一种结合，这种气氛是友谊的一种。因此，父母的有效训练应由自我训练开始。这是一种民主的办法：不使用武力。

回头再谈成人——计划创造生活的人：

他必须训练自己每天设定目标。

他必须针对他的目标训练他自己，为了使他能自由而控制他自己。

他必须训练自己去自由思想：绝不毫无考虑地就服从权威。

他必须以优良父母训练子女（也是他们的朋友）的那种慈悲精神去训练他自己。

这是创造日的基本要求。

 ## 善于想象会建立自信

我们每一个人都有想象的能力，因此，我们要把它作建设性的运用。破坏性的运用想象，会导致绝望；建设性的运用想象，会产生自信。把过去的成功之感用在目前的事情——就是建设性的运用想象；总是挂念过去的失败，便是破坏性的运用想象。现在，在你的创造日中，你必须背离你的消极思想。

我们必须集中精神去看待生活——我们的内心、我们的背后、我们的前面。在内心，我们必须克服我们的缺陷，习惯地提高我们的创造力。背后有错误，我们不应该去挂念它；背后有成功，我们应该重新发动它。前面是今天，一个可能光辉的日子，我们必须在实际尝试之前运用想象去使它成形。

伟大的政治家都是运用想象而投入一般人不敢想象的意念。

法国的戴高乐就是这样一位有眼力的人：他能使想象成为事实，把荣耀投入他的国家。即使他的敌人也看得出这点。

如果要过一个创造的日子，你必须让你的想象力发挥出力量。

借用爱默生的话："想象力不是某些人的才能，而是每一个人的财富。"

无论怎样都做出 V 型的手势

我们对 V 这个字母应该如何理解呢？拿它来代表人生的胜利还是失败？拿它来代表活泼进取还是停滞不前？拿它来代表积极的人生还是消极的人生？

在你的创造日中，你必须以 V 字表示胜利；你必须像前面所提到的翅儿一样，每天用 V 字来表示胜利在你心中。

假使你今天尽力而为但还是失败了，那就对准你明天的目标而努力，直到成功为止。

你每天都要为胜利而训练你自己，就像你训练自己刷牙、穿衣、吃饭一样。

只要你学会了发动你的创造机能，你每天就可以获得胜利了：

1.你可以在进行之前为你的目标担心，但一经开始之后，就不必去管它了。假使达到你的目标的道路不止一条，那么，当你为了该选择哪一条路而担心的时候，这种担心便是积极的担心；但是，当你把路选定之后，你就要毫无顾虑地勇往直前了。

2.要为今天负责，而不是为明天。

3.每次只做一件事。想想计时的沙漏。在你的创造日中，你是要一粒接着一粒的泄气，还是要一粒接着一粒的自信？决定权在你自己身上。

4.困难不能解决的时候，你要考虑问题，而不要把它搁置。你的自动服务机能会积极地为你效命——只要你让它为你效命就行。

5.工作时轻松愉快，自信就会从容不迫，泄气就会紧张不安。

以上所说的，表明你在行使精神的自我控制，也就是说，你正把你心灵导向一个积极创造的目标。

你要感觉你正在向着目标前进，你的创造日就是前进。你要鼓励自己前进。华尔·布莱德雷小时候以练习篮球激励他的成功机运，他一练再练，反复不停地练，甚至当别人都离开球场之后，他仍在不断地练。职业橄榄球队员彼得·戈果乐，在休息时期一再练习踢球，练了又练，永远不停。情形有时候很寂寞，但却非常值得。

你也是一样，如果你想胜利，你就必须不停地前进。每天前进，每天朝一个目标前进——不论那个目标多么渺小。你要在事物的洪流中，不断努力前进。即使你没有目标，你也要照样继续前进，不久你自然就会有了目标。你的方向就是：永远向前进。

 ## 成功就是"企图"达成

在积极创造的日子，你不该逃避人生；你应急切地参与生活。每天一个目标，可使你急切地摆脱以往的消极情绪，承认过去的失败但决不会将它放在心中。

急切就是意欲。意欲是创造的核心，也是达到目标的动力。要有急切之心，你才能成为充实、成功的人，否则就一文不值了。

一个像法兰克·辛那屈那样的人，会急切地改变自己，向新的方面发展他的才能，引导他的成功才能。可是，如今却有不少人，认为他们的生活中充满失败和挫折，因此坐以待毙；他们的眼中没有火花，毫无急切之心。

你必须有一种急切之心——任何喜欢自己的人，在努力和不行时所感到的那种热烈急切。你必须坚定不移地强化你的积极思想，直到你感到自己的内心有一种当下自信的感觉；直到你有一种急切的成功机运去实现每日追求的目标。

急切之心可以引发行动，它是努力的弹簧垫子。只要你起步，你便可以达到目标；你要创造达到目标的力量。

你的创造日在于努力使这一天富于创造性。成功就是"企图"达成；"企图"发动你的成功机运；"企图"运用你的信心。失败就是"企图"失败，"企图"发动失败的机运；"企图"生活在灰色泄气之中。

你企图成功吗？你要一个积极的创造日还是一个消极的毁灭日？你必须加以抉择。

 ## 你必须力求日日成长

你必须不断地向前挺进。我们每一个人都想成功，但我们往往背叛我们的成功本能。我们必须日日成长，为了获得胜利而训练自己。

成功在你手中：你的岁月不可虚度。你必须努力以求日日成长——只要你不再放纵自己；只要把别人对你以及你对别人所造成的创伤抛诸脑后，就可以办到。

时间是宝贵的。你要运用你的创造日。人生在世的时间有限，我们绝不可浪费时间。

从容地发掘你的潜能，绝不会太迟。你必须发掘你个性的力量，认清你的真正价值所在；你绝不可再苛求自己。你必须把这件事看做一种日常工作，那会使你年轻快乐；对你来说，每天都是一个挑战，就像一位考古学家，在创伤和愤恨的破片(你的消极性情)中发掘无价之宝一样（你的自尊，你的真正个性）。

我们不能单靠自己而生活。我们也要发挥他人的潜能，发掘他人的尊严。我们在批评他人之前，要三思而行；我们不可以貌取人，而要看其真正的优点。

爱默生曾经说："什么是莠草？优点尚未发现的一种植物。"

爱默生是在什么时候想到这点的？也许是在收获季节的一天，田中麦浪翻腾的时候——因为那时候的人都以为大麦是无用的莠草。也许就在那一天——爱默生在拜望他的朋友欧可特老师之后，回家的时候目睹了金黄色的田野而有所感触。也许他考量了欧可特的看法：在学校中，应该受责罚的不是"坏学生"或"笨学生"，而是缺乏耐性、不肯到粗陋的表面底下寻求真善美的学生。欧可特教师的教室中没有"莠草"。

世界上没有不可救药的人。

用信念来替代消极的意念

想过积极创造的日子，你必须去适应日子的紧张情况。每一天，你都要胸有成竹地面对你所遭遇的问题。你必须培养一种有办法在压力之下挺胸抬头的本领，这样才能尝到胜利的滋味。

你必须学习如何调整自己，适应周围的环境。适应中包含了信心——信任别人、信任自己。

我们要以信念为核心，代替消极的意念。每一个细胞都有一个信心的核子、一种生活的意愿。一个人的千百万亿细胞，都充满这种意愿、这种信心、这种毅力——活下去。我们对自己必须有信心。我们必须应用想象力，以成功机运的火把，照亮我们的生命。我们要记住：希望和信心，就是展开翅膀飞向目标的积极想象；绝望和灰心，则是折了翼的消极想象。

"办不到"这句话很容易就说得出来。

你说不说这句话？

你会不会对你自己说：

世界上没有创造的生活这回事？

生活是可悲的吗？

人们不得不忍受痛苦的岁月？

人生只是债务和税务、头痛和腰痛、死神时常侍候的岁月？

假如你有这些想法，就必须调整你的思想，并且培养一种信念的核心，帮助你去适应生活。生活是进步，不是退步，它是向前挺进的，而不是向后退的。我们必须把种种遗言恨事置至脑后。如果不超越它们，它们便会使我们窒息。

我们要相信自己——就像杜鲁门，他不接受失败的预测，结果第二天早晨醒来，当选了美国总统；就像林赛，他不屑于寄人篱下，结果苦斗获胜，当选了纽约市长；就像丘吉尔，他面对德国纳粹党的压倒性势力，毫不畏惧，不像某些缺乏自信的人被吓倒。

如果要适应生活，你必须相信你自己。

尽管你不是杜鲁门，不是林赛，不是丘吉尔——但他们也是人——所有的名人都是人。他们也都挣扎着要相信自己。他们也都要解决做儿子、做兄弟、做父母、做爱人所面对的问题；他们也都在内心中挣扎着要发现自我。

自责自疚是一种苦难。屈服于自疚的苦果很严重——对于个人和社会都是一样。在积极创造的生活中，你的心律调节器就是你的自信，自信可以增加你对幸福生活的希望。

如果我们不相信自己，我们就会变得笨拙无能，事事不顺；我们就会对我们的家人、亲戚、朋友产生不适当的感觉；我们就会污染我们周遭的空气。

如果你的心中没有一个信念作为核心，你就不能享受你的快乐时光。相信你自己，可以使你感到年轻。

我们必须每天努力强化我们的自我心像，超越我们的失败，以至获得成功。

我们必须天天努力以慈怀、以决心、以实力来支持我们的自我价值。

你也许会说："不可能!"

那就每天去做这不可能的事，因为只要去掉不，就是可能。

你每天都要在心中努力，以自信支援你自己，使你能够适应生活。

 ## 时时渴求改善

这是你创造日的最后一个要素——渴求改善。它表示你要弃绝那些歪曲你的个性的消极情绪，而专注于你的积极生活能力之上。

你要在你的心中，发动你的积极能力。你爱人生，因此你要面对人生的许多挑战。

你不要去理会冷嘲热讽；你要在人生中寻求真善美。

你要超越人生的危机，就像你曾抵抗喉中的百万个细菌一样；如果你没有跟它们作战的生命力，你早就被它们毁了。

你要渴求你所向往的能力。你要不断地使你成为一个更有能力的人。当你离开那个黑暗的世界，你自然就会渴求一个光明世界——在你心中。

你只要用这种渴求去发挥你的最大能量，就可以使得每天都成为一个积极创造的日子。

你只要天天发挥你个性潜藏的力量，就可以进入光明的世界，享受快乐的时光。

以上是创造日的构成要素。我希望它们对你的生活计划会有帮助。

总而言之，一个要过创造生活的人，必须奠定自信之感，以慈悯的态度去承认他的失败，把他的能力投向人间，把他的能耐用在达成目标上面。

他不以大量的闲暇时间去纵容他自己，否则的话，结果就会使他感到烦闷。

他不重视物质享受：豪华汽车、服装或住宅虽然很好，那些不是最重要的东西。

他不在气候宜人的名胜地区去寻求奇迹。

他不让种种消极的娱乐玩耍去埋没他自己。

他相信自己。他接受他自己，绝不会被消极的思想所围困。他天天高高兴兴地过日子，以目标充实他的时光。

他不自怨自艾；他积极地忙着生活。

简而言之，他生活在急切的目标之中——那是一个青年人所应有的态度，但青年人往往并不如此。

你所需要的是否就是这种生活？

假如是的话，那么现在就是你着手计划的时候了。开始构建吧，那是积极生活的基础。

现在就是开始的时间。你开始得越早越好。

现在就是行动的时刻

美国诗人海伦·贾克森曾经写道: "诸神眷顾者,不老常年轻。"

我虽然不知道谁是"诸神"眷顾的人,但我知道,你只要能够稍稍自信,自信你拥有天赋的一种力量,那么,只要你活着一天,你都会感到活泼而充实。你将不会把你的岁月白白送给惰性;把时间浪费在向你的朋友倾诉哀怨上。气泡不会爆炸,热火仍在你心中燃烧;你的创造欲将是一种驱策的力量。

你有活力,你的任何年纪的创造力:每一天都有充实的目标,燃以急切的奋发之火。不论是老是少、是富是贫,这都必须是你最祈盼的目标之一。

你该何时准备开始呢? 立即开始。

不论你现在是 16 岁、46 岁,或是 66 岁,都是一样:现在就开始。

培养积极生活的习惯吧,越早越好。

在圣路易福熹幼校,一群 3 岁至 6 岁的天真儿童,在登巴夫人的指挥之下,正照着积极的思想所示的原理,吸收一些将使他们过着积极成人生活的概念。这群为数上百的儿童,在这所学校中学习目标心理、适当地运用想象、承认自己的错误、同情他人的处境、把握成功的机会、精神自我控制学,以及培养与成功的个性心理学相关的基本原则。

他们习惯彼此和气相处。

据这所学校的校长说,一群 6 岁的儿童,在一个巨大的沙盘中造了一座城市;之后,在午餐时分,一个 3 岁的小调皮把它捣毁了。那群 6 岁的孩子做了一番讨论,然后向校长解释说,那个小家伙不懂事,他不知道自己做了一些什么。

"我们不但可以重造," 其中一个孩子说, "而且还可以造得更好。"

那些 3 岁至 6 岁的儿童,在这所幼稚园中,都在走向养成良好习惯的目标,以使他们得以成功地度过童年、少年、青年,以及中年时期,进入退休年龄的积极生活时期——为了成功地创造人生而接受训练。

对,你开始得越早越好。

重要的是,你必须明白这个道理:正如你花费 10 年的时光去准备你的终生工作一样,你应该以你的一辈子去过积极有为的生活,并为你的未来做好准备。

你要在建立自我心像时做准备,这个自我心像将会在以后的岁月里永远支持你,使你的岁月增长而有趣味。

你应该立即开始创造自己的人生，绝不要认为自己太年轻或太老。

凡是阅读这一本书的人都应该知道：为幸福而战，乃是一种思想战，现在就是开始的时间。

不是明天。

而是现在。

全靠你自己。

这本书所有的思想，都是让你帮助自己的法门。开始去做吧。

即说即做。

人生不是野餐，有时根本没有食物；没有蚂蚁和蚊虫可赶。你必须战胜失败和绝望，不停地挥拳前进。这里面无巧可取，你只能指望你自己办到一切。你只能指望思想者的你，以人生的火花和友谊，给予行动着的人。

自古成功在尝试。

福熹幼校的一个 6 岁的小姑娘对自己的母亲说："试试，再试试，那就是我们在学校里学习的，妈妈……开始时如果你不懂……试试，再试试！"

> 每一个日子都应该是充实的，把昨日的错误丢进时间的坟墓之中。当我们懂得应付消极的思想情绪，并由此充分体会人之所以为人的道理时，那么，年轻的人就会成熟；成熟的人就会年轻。

第八章

尝试是推动生活的力量

> 爱迪生说："还有一个更好的方法——把它找出来。"这就是人类文明日新月异的原因。尝试，不断地尝试，那个最好的方法终究会出现。
>
> 生活就是一项光荣的冒险事业，只要你能对问题采取积极的态度，你的问题就解决了一半，只要你能勇敢地冒险，拿出更大的心力，胜利就会提前到来。

如果你真的去尝试，你就能够——成功，那些你现在认为曾经把你打败、击倒的事情——都可以处理、克服。怎么去做呢？仅仅只要去尝试就够了。世界上完成丰功伟业的人中，以各种情形来说，只有极少数可以说是天才。但是，所有成功的人都有一项优秀的特点，使他们勇往直前：他们只是去尝试。除非你也去尝试，否则你将永远不知道自己能做些什么。的确，这就是成功的秘诀。

永远地尝试下去

对待问题和困难的态度，是控制和征服它们的最重要因素。专门撰写激励文章的克米·陆克报道说，有一所大学组织了一个研究计划，以探讨成功公式的因素。结果找出四项因素：智商、知识、技术、态度。结果显示，态度惊人地占了成功因素的93%。由此可以看出要想成功最重要的是，要采取一种我决心继续尝试的态度，时刻告诉自己绝不放弃、坚持到底、永不退缩、勇往直前。

我母亲是个温柔而文雅的女士，同时她也是一个非常严厉的老师，因为有一件事她绝不准她的子女去做，那就是中途放弃。我现在仍然能听到她震撼我心灵的声音，有力而清楚地说着："记住这点，永远不要忘记——皮尔家的人从不中途放弃。"她极力尝试着在她子女的脑海中，建立不屈不挠、坚忍不拔、有始有终的观念。

在学校的所有科目中，让我最感困难的是数学。我喜欢英文和历史，忠实而狂热地研读这两科，不过必须承认的是，我有意放弃数学。但我母亲从来不会让我这么做，"你能够学通的，你必须要一而再地尝试，不断地尝试，"她坚持强调，"你不妨埋头苦读，把它学会，因为我要亲自使你不断尝试，直到你学会为止。"我母亲严厉的教导有了收获，因为虽然我没有得到数学教授的职位，但我的确学到了重要的一课：只要你去尝试，你就学到了所有成功的秘诀中最重要的一项。

事实上，那些精通"尝试"技巧的人，并没有什么聪明才华，但他能够在一生中有所建树，有时候甚至是惊人的成就，无非就是因为他们使自己变成了大无畏和击不倒的竞争者。

已故的蓝奇·李基所著的论述美国棒球的《美国钻石》，是此类书籍的经典佳作，尤其是对棒球史上那些伟大球员的评估，和如何造就一位顶尖棒球手特质的训练做了精彩的描述。

李基所选的是，有史以来，至少到他那个时代是最伟大的两名球员，一个是何纳斯·威格纳；另一个是泰·卡布。前者是匹兹堡棒球队著名的游击手，后者是底特律球队之不朽的"乔治亚桃树"。他称呼卡布为"一场必胜球赛不可或缺的选手"。

李基说，卡布并没有一双了不得的手臂；为了弥补自己的不足，他几乎夜以继日地练习从外野投球。他的目标是，使球第一次碰地时，要沿着表面抛出，而不是减速跳回。也就是说，对球的旋转和飞行的路线要有充分的控制。"有没有人，"李基问，"曾听说过一名棒球手，单独一个人自觉地去从事这样的练习？正因为如此，他培养出一种准备性高超的投掷技术，以及正确的旋转，使他变成了最伟大的投手。"卡布在外野投球的时候，从来不跑第二步。他在什么地方抓到球，就在什么地方投出。他的想法是"打击的人正以全速跑着，我跑不到 2 米的时候，他已经跑了 5 米。"他变成了盗垒的煞星，因为他总是努力使自己尽可能地变成一具十全十美的棒球机器。李基称他为"棒球最狂热和最辛勤的学习者——在攻击和防守方面都是最伟大的十全十美者"。他一生中的平均打击率是三成六七，以及难以相信的 892 次盗垒纪录。

吉格·金克拉是世界上最受欢迎的激励演说者。在他那本代表作《与你在巅峰相会》一书中，他说了段有关泰·卡布的故事，再度证明了这个"永远尝试"的原则，造就了棒球界一个不朽人物。当卡布上了一垒，他会踢踢沙包，显然是一个紧张的习惯。直到他从球场退休下来，这个秘密才传出来：踢力足够的话，卡布能够使沙包移近第二垒足足两寸之远。他想，这样做，可以增加他盗垒或在击中球时，安全冲上二垒的成功机会。竞争，竞争，竞争——利用这种毫不松懈的精神，一个人去尝试的话，最终会创下纪录。

尝试，当然，不能只为了一时，而必须是一种连续的过程，不断地高速进行。做到了这点，那么目的就会达到，目标就会完成。"继续——继续——继续"是成功的三点公式。然而不幸的是，大多数人持续的时间不够就厌倦了，或被一种徒劳的感觉所征服。

因此他们就这样放弃努力，不再尝试。"没有用的，我放弃了。"他们如此说，就相信了最终的失败。他们就这样中途放弃。但事实是，假如他们再努力一会儿，他们梦寐以求的梦想，就会达成了。多么可惜，一下子就放弃了，却不知道当时目标就快要达成。雷蒙·艾德曼引用威廉·卡摩隆的话说："最后的卖命努力，往往是达成胜利的关键。"

我听过一个故事，是关于一个在西部寻金的人。他花了好几天的时间锄地，寻找一堆他确定是在那里的黄金。一天又一天，他挥舞着锄子，流着汗水。但最后，他被失望侵袭了。他生气而徒然地把锄子往地上一丢，并收拾他的东西离开了。许多年之后，那把已经发锈了的锄子，被发现在那儿，而且，它离金子只有2米之远。坚忍不拔，决不退缩，勇往直前——这才是答案，也是获得成功、达到目的、实现目标的积极原则。

尝试可唤醒你的力量

勇敢地尝试新事物，可以开启新的机会，使你迈进从未进入的领域。生命原本是充满机会的，千万别因放弃而错过机会。

1918年第一次世界大战时，法国的第六师师长泰勒上校的处事方式非常令人钦佩。一次当他的儿子向他告别时，他说："孩子，记住：你的姓是泰勒，泰勒这个姓代表做事能力。你永远不可以靠边站，让出路给敢于冒险的人走。你要冒险向前使他们让出路来给你走。"大街上行人拥挤，交通阻塞。但长啸的消防车飞驰而过，大家都自动地让出路来。当然你偶尔也会感觉沮丧、懒散、软弱，但这正是你需要鼓起勇气战斗的时刻。只要你向前跨步，沮丧、软弱都会躲开，瞬息即逝。

我记得某报纸有条新闻。一个母亲为了保护她的宝宝，而用斧头砍死了一头熊。一个妇女不可能砍死一头熊，但是事实上她砍死了它。

菲尔泊先生告诉我一位加拿大电车司机，在第一次世界大战时从军之后晋升为将军的故事。一位电车司机并不晓得他有统御大军的能力。但事实上他能。

几年以来，一位年轻人一直在铁路段工作。因为他做事认真，所以有机会让他到运输公司做几天临时工作。他的主管公出，行前要他在这几天内查出某一事件的事实与数据。这位临时工对簿记一无所知。但是他花了三天三夜把资料准备好，终于把事实弄清楚。主管回来后，他提供了详尽完整的报告。从此他就非常希望能有机会处理以前没有经验的事。这些新尝试终于成了他向上升的垫脚石。现在他就是这家公司里的副总经理。

一位肯塔基州的青年一直到19岁都未曾离开过他土生土长的故乡，也从未

见过火车。现在他却是西部最大的一家银行的董事。他曾被选为肯塔基州白瑞亚学院的董事长。这学院颇负盛名，拥有 3000 多名学生。对于后者，他认为那是他一生中最大的光荣。经验告诉他，一个人最大的满足不是金钱与虚名，而是对他人的贡献。

一位阿拉巴马州的矿工，靠劳力维生，忽然深切体会到自己没有受过什么教育，于是在烛下开始自己修习法律常识。当新的金矿区在郁康地区发现时，他冒险去了。而他也真的在郁康地区发现了矿源而发了财。但是发财并不是他找到的最大财富。有一天他开车迷失在寒冷的大风暴中，忽然看到远处一个发亮的白色十字架。那是当地教会所竖立的，就是这个十字架引导他到达一个新境界中。他现在是最吸引人的传道家。他的生命及财产全投入到对基督教的奉献中。

有一天我见到一个乡下孩子，他似乎缺乏教养与风度。他和我一同参加一场集会，在会中发表了一篇连他自己都没有想到的比我还要好的言论。

我认识一位木讷的成功商人。他有一次参加紧急意外灾难的救护工作。出乎他自己意料之外，他发现他有引发周遭人们精神的力量。

上述故事中的人都是有名有姓的，我同他们都很熟识。他们都是忽然发现了自己的能力，把握住机会且使用这种能力而成功的。

战争或者其他灾难常常可以激起许多人自己没发现的力量。危险会刺激灵魂采取行动激发你的潜力，否则前述那位母亲一辈子也不知道她有那么大的力气；电车司机也不知道他有能力做统率万人的大将军；铁路工人、矿工、山村小孩子和那个商人都或许会碌碌一生而逝。我写这本书的目的，就是想帮助你自己去发现自己的生命工具而去利用它。《成功心理学》的作者华金说，有很多青年都可做到增加一倍、两倍，甚至三倍、四倍的工作效率。只要被一种大胆的创造性精神所鼓舞。可惜很多人都缺乏勇气，因为他们内心深处缺乏一种行动的冒险精神。一位拳击教练告诉我训练拳击手的经验。他说，他常常发现极有前途且聪明的拳击手不能晋级。因为他们常常会比一个较差的对手先发生心理疲怠感，因此在持续的僵持中失败。

你越是尝试越充满力量

看到一个雄心勃勃的人因缺乏应有的能力而未能达到目标，固然是可悲的事，但更可悲的是那些原可以造就成将军、董事长、传道家的人，却自认为他们不过是一个司机、矿工……的材料而不去激发他们自己。

你要问什么东西会把司机改变成为将军，方法如何？是不是他仅仅参加军队，一心想当将军，然后挺起胸膛准备接受佩戴的胸章？不然。他做司机时，食宿与同伴一起，和他们一道领取工资，生活在司机的世界里。忽然间因为战争闯进这个广大的世界来，他内在的巨人受了刺激，顿时醒了过来。

什么是他未醒的巨人呢？第一，生理上的巨人。做司机的时候一天到晚在呛人的灰尘中奔驰。参战之后他骑在马上奔驰，训练的军官要他挺胸、收腹，接受艰苦的体能训练。他终日在野外生活，吃的是军人的简单食粮，然后他发现自己有坚强的体格与充沛的体力。第二是知识领域的扩大。在他的帐篷中有一位教授出身的人教给他军事知识，他与一位工程师出身的人共同操作大炮。这个人的知识使他羡慕、使他兴奋。他到过伦敦、巴黎等大都市，使他大开眼界。因为他被保送炮兵学校进修。他发现自己的高等数学学得很好。于是他的军饷也逐渐提高。他发现他做司机时只利用了脑袋的一部分而已，现在在接受面临许多挑战的新知识，于是他脑袋的其他部分也一一被开发出来。第三，他发现他的人缘极好，善于处理人际关系，使每一个接触他的人都喜欢他。他能领导这些来自各个不同阶层、不同地域的士兵为同一目标作战。不管他们原来是工人也好，学生也好，商人也好，都承认他是走在前头的人物，愿意追随他。他有领导力量。这是当司机的人没有办法发现的，因为司机总是跟在人家后面。第四，也是最重要的一点，他胸中洋溢着从未枯竭的热情，肯为自己的目标而奋斗。

但是为什么不是每一个参战的司机都变成将军？答案是很明显的。或者是他们没有足够的内涵可以当将军，或者是他们不敢尝试去发挥他们内蕴的潜力，而只有这一位敢于尝试的人发现了他自己的内在力量。他有梦想不到的可以经得起熬炼的健康体魄，可以学习进步知识的能力，以及非常好的人缘——善于处理人际关系的能力。这些都是他成功的资本。因为他发现了它们，又加强、扩大、提升它们，从而使自己超越了他的同伴。

同样的情形是那位乡下的孩子。虽然19岁还没有见过火车，但他一旦有机会坐上火车远行，他便看到了更广阔的世界。他19年来在农场培养出来的强壮体格，因这个机会的来临，加上补充的知识能力、精神上的修养，一年复一年，他终于登上了银行界的宝座。

所谓内部尚未醒过来的巨人，包括四方面：强健的体格、吸收知识的能力、广结善缘的个性，以及精神上的坚定信念——牺牲奉献的使命感——即东方人所指的高尚品格。四者缺一不可。同时，每一方面的进展也会带动其他方面的发展。生命中的四剑客合作无间地创造了奇迹。从历史上看，每一个伟大人物都具备这四方面的特点。试举出每一个伟大人物，不论他努力的方向是什么，所处的时代如何，其成功的秘诀不过如此。

格兰菲博士说："人必须有游戏、工作、爱心与祈祷，以发挥他的生命。"

你这个拥有成功资本的人，居然不想加以利用，你岂不是在暴殄天物？

以上所说的一切希望能深植你心中：生命之发扬要四要素相互为用。也就是说如果你接受并克服生命中所遭遇的困难，则要做培养体力的探险、增加智力的探险、广结善缘的探险，以及培养高尚人格的探险。也就是说生命不只是单纯的一面。身体、脑筋、爱心、精神都是我们生命向上必需的工具。充分利用这些工具并非难事。发展内蕴力量，并不是表示你的努力会使你失去快乐的生活。反之，在发展过程中，你时时刻刻都会发现生命的新宝藏。帮助你自己从各个角度去了解生命。每一次的了解都会吸收新力量，而这新力量又在各方面的活动中涌出。

有趣的一点是，你的力量使出越多，你反而觉得你拥有的力量越多。生命的宝藏留给自己越多，反而会减少得越快而终于消失。你拿出来愿意与人分享则你拥有的反而增多了。我这样讲，并非空话。因我自己就有此体验。我深切了解，只要我肯尽天赋服务他人，我的体力、心智、人缘、品格都会有增无减，甚至增加百倍。请注意这句老话：你奉献出生命，你就得到更丰富的生命。

我再重复说，生命的最大原理：你的力量使出越多，拥有的力量也越多；

将拥有的拿出来与人分享时，反而会增加十倍，甚至百倍、千倍的才是生命之宝；而分给别人就因之减少了的就不是宝。

 ## 尝试是把握机会的最佳手段

人生宛如流水，有时打转，有时飘荡无从，有时则一泻而下。这时，你会像岸边的水一样缓缓移动，有时又像旋涡般不停空转，有时甚至静静地停滞不前。此时最好挣脱这种慢步调，积极地投入急流中去面对各种挑战。

人的一生中，总有决定"游"或"不游"的时候，一个有信心的人，通常会把自己投向未知的世界，游向中央，去接受挑战。这种人必能历经危险，吸取经验。反之，胆怯或害怕变化的人，就只能躲在警戒线内，看着别人迅速地跑向前去。

机会来时，一定要好好把握，积极接受挑战。公司如果交付困难的任务，虽然会因此增加工作量，剥夺个人的时间，还是应该把握这个机会。假如公司有意把你调至远方，赋予重任，也应毅然接受，对你总是有好处的。

成功的人，通常会主动地寻找机会，然后把握机会；不冒危险，就得不到成功。最好趁年轻无家累时去冒险。20来岁这段时间，正是一生中冒险意念最强的时候，断不可采取安全第一的保守态度。

马罗·路易斯的辉煌成就完全是两次赌注造成的，第一次是未满20岁，第二次是30岁的时候。

马罗出生在一个音乐及戏剧世家，耳濡目染的结果，使他对各种乐器都能玩上一手。7岁不到他就指挥过管弦乐队；10岁发行报纸；12岁雇了16名少年来做买卖鸡蛋的生意；14岁组建了自己的乐队。高中毕业后，成为芝加哥新闻局的记者，和后来的著名记者班·赫格特及查尔斯·麦克阿瑟等，一起从事瞬息万变的新闻事业。19岁时，他获得与音乐有关的奖学金，但因迁居纽约，不能继续深造。

搬到纽约后，马罗在"观察广告公司"找到一个周薪4美元的差事。马罗回忆说："那时我整天四处奔走，忙个不停。下午6时下了班后，就赶去哥伦比亚大学上夜校，学习广告学，有时工作没干完，下了课还得赶回公司，从晚上 11 点一直忙到凌晨 2 点。"

马罗喜欢做些有创意的工作，自己也颇感满意。

20 岁时，马罗毅然放弃了在广告公司的大好前途，决心自创事业。他不愿再过着安定的薪水生活，而希望充分运用时间，去开发自己的构想。这是他的一生中头一次下注，后来果然获得意外的成功。

当时的百货业普遍不佳，已到了非运用公共关系和广告来促销不可的地步。马罗的想法是：说动百货业，共同协办 CBS 的纽约菲尔交响乐节目。另一方面，这个交响乐节目在全国拥有 100 万以上的听众，需要有一位优秀的主持人才行。

但是他面临一个难题，需要人手去说服为数极多的百货公司。目前并没有这种人才，何况花费在数百万美元以上，根本不大可能。然而，马罗却充满干劲，四处去说服百货公司签约，最后当他把计划向 CBS 提出时，CBS 乐歪了嘴，竟一拍即合。其后 10 个星期中，马罗和 CBS 的广告部主任共同设法处理广告问题。这段时间，马罗并未支领薪水。

眼看大功即将告成，可惜因订约的公司不足而功败垂成。为了实现构想而抛弃安定的工作，最后却不免失败，虽然很不划算，但从长远眼光来看，事实也不尽是如此。CBS 很赏识他的创见，便安排他到纽约新成立的业务部工作，薪水比以前高出 3 倍，使他收之桑榆。20 岁的马罗得以在 CBS 一展才华，这是一个虽然押错，却制造了机会的例子。

你一定也能把球推向自己的目的地，问题只是如何化构想为行动而已，去尝试吧，只要尝试就会有机会!

 ## 一个相信"永远会有其他办法"的男人

若说到近代赌博之王，恐怕该数那些每天用大把的资金下注，从事国际性贸易的人了。库特·欧本这位钢铁和工具的年轻进口商，就是这一号人物。

库特边笑边说："我们并非是日收入数百万美元的大公司，相反，必须时常为几百万美元的生意担惊受怕。"因为钢铁市场的行情起伏很大，风险也就相

对地提高。

库特生于美国，孩提时期和父母远赴德国。少年时代干了 3 年的钢铁工作，26 岁时回纽约投资钢铁进出口公司。

为什么一个青年敢独自从事这种危险的工作？为什么他会有这么大的勇气？库特说："钢铁业讲究年资，干起来很乏味。我本人很讨厌这种方式，早就想图谋改善，我会从事这一行，也是因为深信别有途径的缘故。"

库特的公司刚刚踏上轨道，战争就突然爆发了。无奈之余，他只好进入空军服役。战后，他回到本行，再度从事钢铁成品的进出口贸易。为了拓展市场，他每年有一半的时间在全国各地奔走，而且两度飞往欧洲洽寻新厂。每周 6 天，每天工作 12 小时，到现在为止，他仍然未改变这种紧张的生活方式。

目前公司的年营业额已达 1000 万美元，利润在 100 万美元以上，而库特本人的年薪则为 40 万美元。该公司现居全美输入德国工具的首位，也是全美五大钢铁进口商之一。

假如当时库特不敢毅然下注，库特公司今天绝不可能以如此的骄人业绩闻名于世。现在，他每天都必须仔细研究判断同行间的动向，分析市场状况，并预测价格的变动，等于是捧着资本在市场上一决胜负，这不能不说是一种相当冒险的事业。在这样的舞台上，弄得好，也许一天就能大发，万一搞砸了，很可能就此血本无归。

库特对于这种每天与幸运女神打交道的工作，似乎乐此不疲，他是一位善于捕捉良机，敢于接受挑战的人。

接受挑战，永无损失

危险通常会伴随机会而来，在游向中流时，往往有很多不寻常的事发生。当你一一加以学习时，意想不到的机会又会接踵而至。如果听听那些有成就者的说法，就不难理解一个人在获得成功前，大多会遭遇到挫折。一时的挫败并不表示永远的失败，绝不能由于害怕而踌躇不前。为了成功，失败是难以避免的，只要能从失败中汲取教训，此后该怎么做，心里必然一清二楚。

一般而言，成功与失败各占一半，没有冒险，就不会有成功。

要养成接受挑战的习惯。譬如，俱乐部希望你发表演说时，即使你一向害怕当众讲话，也要接受这种自我训练的机会。

上司交付较重的工作，虽然会很辛劳，伤透脑筋，但仍应欣然接受。由于销售地区重新分配的关系，你必须搬家，还是应当毅然去做。

也就是说，在这种情况下，唯命是从是最好的办法。不要遇到好机会就找借口，做个有意逃避的愚人。

只要机会一到，不论敲门声是大是小，都该立刻敞开大门，迎接进来。如果一个人连机会来了都不晓得，那他还等个什么劲儿？

如果毅然接受挑战，至少可以学到一些经验，增长自己的见识。不要怕失败，也不可因此一蹶不振。敢向中流游去，即使不能立刻获得成功，一定也能学到宝贵的经验，成功只是时间问题而已。一个人只要肯尽力学习，就会获得成功。

 ## 冒险才有意外的收获

如果你吃过美食，你会永远爱吃；同样，如果你知道冒险的乐趣，你也会永远沉迷，而不肯舍弃。冒险就是充实光大生命的极限。

如果你能预知冒险之后你的生活会给你带来多么大的快乐，相信你会迫不及待地开始寻找。有些青年朋友喜欢无拘无束、寻欢作乐、随俗浮沉。他们认为有所不为是既迂腐又落伍的想法，而自我放纵才是自我表现。我完全不同意，只有不能自制的人才堕落得最快。一条力争上游的鱼，抵得上 10 条在静水中游荡、因循苟且的同类。

精神与肉体懒散的人永远不会改变现状，他们也永远不会尝到胜利的狂喜。一直躲在战壕里的人永远不会站在成功的山峰上。伸出你的头看一看，你会有完全不同的感受，是的，只要你把头抬高一点，你的日子再也不会单调乏味。

美国青年创业训练营每年都要招训成千上万渴望成功的青年。我送给他们一句话就是："接受困难，勇于冒险。"

对于一个奉献自己的人来说，生活就是一种光荣的冒险事业，只要你能对问题采取积极的态度，你的问题就解决了一半，只要你勇敢地冒险，拿出更大

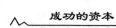

的心力,胜利就会提前到来。我要你敢于想得更伟大,敢于要做一个伟大的人物。如此我敢保证你将拥有更丰富的生命。世界上到处充满机会,敢于冒险必然会有丰富的收获。

驱逐令你畏惧的幽灵

你在成年时期经常感到的忧虑和担心,都是小时候养成的。长大以后,只要有任何蛛丝马迹同你小时候感到担忧恐惧的情景类似,就会使你引起当时出现过的某些症状,产生难受的感觉,即人们所谓的"忧虑综合征"。

譬如,你在婴儿时期坐在一条黄色毛毯里玩耍,突然一条狂叫的狗惊吓了你,你被吓得大哭起来。其后,这件不愉快的事情便深深地埋在了你的下意识之中。现在你已长大成人,你会不自觉地每当听到动物的叫声、看到毛茸茸的东西或黄颜色的东西就感到恐惧、不自在,总想快点离开。

尽管随着岁月的流逝,你变得更加成熟,但在感情上你仍然被童年那些不真实的恐惧所控制着。由于这是一个下意识的过程,所以它们在你心中打下了深深的烙印,它们折磨你,使你感到忧虑,你甚至用抽烟喝酒的方式来麻醉自己也无济于事。你整个一生都带着这种忧虑和恐惧感,妨碍你去体验许多新的事物,一直到死都是这样。

如果你靠吃药、喝酒去排解忧愁,也只能暂时起些作用。可是,为什么要这样做呢?你的忧虑大部分都是虚无缥缈的,以后绝不会再发生。而那些可怕的事情在你童年时就埋进了你的下意识,结果就生出来许多你认为现在仍然存在的危险。但实际上,它们只不过是一个蹒跚学步的幼儿对于现实的一种歪曲的认识。

那些昔日的忧愁和恐惧已没有力量再伤害你了。幼稚的童年已经过去,成为历史。你已经长大成人,变得老练能干了,你可以把童年的幽灵赶走,把过时的神话戳穿。

树立起冒险精神

现在就应抓住机会改变你的生活。你童年时期的担忧与恐惧已不复存在,各种危险都成为过去，狗的狂吠声也听不见了。你要强迫自己接受生活中遇到的"黄毛毯"，大胆面对自己的忧愁。这样，你就会发现那些可怕的事情已经失去其令人生畏的力量。

在第二次世界大战中功勋卓著的四星上将乔治·巴顿，曾向他的士兵讲过如何对待恐惧和忧虑的问题。他认为"让恐惧多停留一分钟"是解决这个问题的关键；正视忧虑是克服忧虑的最好办法。

我告诉我的一些朋友要面对他们畏惧的事情，要"顺着害怕的箭头前进"。现在我来解释一下。假定你走到了一个感情的十字路口，你必须在两条道路中选择一条。你面前有两块指路标：一块上面写着"无忧无虑的舒适之道"，箭头指的是你曾走过多次的那条熟悉的道路（就是做一名失败者：暴饮暴食、吸烟、吵闹、害怕说"不"等）。你可能讨厌这条路，甚至由于自己多次走这条路而瞧不起自己，但由于你走这条路的时间已久，你总觉得是轻车熟路，习以为常了。

另一块路标上写的是"多忧多虑的困难之路"，箭头指的是一条你不熟悉的路，一种新的行为方式（做一名成功者：注意饮食、冷静、直言、注意自己等）。走这条路有益于身心健康，富有建设性和挑战性。

然而，如果你决心"顺着害怕的箭头前进"，走这条不了解的路，你的忧虑之心就会增加，开始时就会心神不安，困难重重。但你在试验一种新的生活方式的过程中，能够获得新的见解和认识，这是你走那条熟悉的"舒适之路"永远不可能得到的。而且，如果你沿着这条成功之路不断走下去，你的忧虑和恐惧也会逐渐减少，最后完全消失。

美国诗人罗伯特·弗罗斯特在一首诗中说过，走少有人涉足的路，会给一个人的生活带来积极影响：

香槐树下两条路，
何去何从费踌躇，
停下脚步久停立，
极目远眺去，
一条蜿蜒入林处。
另一条路细打量，

弯曲坎坷且漫长，

人迹罕至生野草，

前途也许更宽敞；

昂首阔步走向前，

果然感觉不一样。

当你冒险踏上一条陌生的道路时，马上会感到担忧和心里没底。你的忧虑会发出尖厉的声音告诫你说："这条道路可能充满危险。"你会感到肚子疼痛、心跳加快、手心出汗。你应当把这些感觉看成是鼓励与鞭策："坚持下去。尽管道路曲折坎坷，你心存疑虑，但你不要停步。你就要走过去了，再坚持一会儿你就会永远摆脱这种恐惧感了。以后，在你的一生中再也不会为此感到恐惧和忧虑了。"

摆脱心中疑虑的方法就是先去经受疑虑。让忧虑与你同在，这是你的新天地。你受一点惊吓，担心忧虑，你也得到了学习健康有益的新的行为方式的机会，这要比走一条没有出息的舒服的老路强得多。

甘愿冒风险，常常是发现自己才能的关键，有助你成为一个更完美的人。丹麦哲学家克尔凯郭尔曾说："尝试就是承担风险和忧虑；不尝试则是失去自我。"

你一旦决心去走一条崎岖不平的道路，把担忧之中包含的动力施放出来，你便会有可能在许多方面发现自己原来有数不清的优点。没有谁弄得清自己能够发挥出多大的潜能。才能是没有止境的，一个人的优势是永远发挥不完的，创造力是无限的。不论你的目标如何，或小若水珠，或大若高山，你都可以承受各种风险，改变你的生活，赢得成功的喜悦。

去做那些令你恐惧的事

我很喜欢一个故事，因为它清楚地说明了一个人如何把担忧变成了动力。尽管金纳心中害怕失败，但他还是下定决心知难而进，抱定目标去争取成功，夺取奥运会金牌，这使得他感到浑身充满新的力量。

你也许没有立志要去夺取奥运会的金牌。既然你面临的问题没有那么艰难，你的目标不像金纳的那么伟大，那么你仍然可以学习他的精神。正视你心中的忧虑,你就能产生充沛的精力去为自己的目标奋斗。你不用等待出现什么危险或重大事件才去考虑痛下决心。你现在就可以把自己的闸门打开,使出你的全部力量,让浑身的热血奔流起来。

你不必终生死守着陈旧的生活模式。无论你是什么年龄都可以选择新的道路,大胆地去做你过去曾经感到畏惧的事情。好了,我现在便讲讲金纳的故事:

布鲁斯·金纳 1976 年 7 月 30 日以 8618 分的总分打破了男子十项运动世界纪录,获得奥林匹克运动会金牌,荣获"世界最佳运动员"称号。

那一天,全世界的体育迷都异常激动。大家都不会忘记金纳获胜时兴奋地跳起来的电视镜头。他的妻子克丽斯蒂跑进场内同他热烈拥抱,激动得又哭又笑。那场面是何等的激动人心啊!

金纳 1949 年 10 月 28 日出生于纽约州的奥辛宁,从童年起就开始了"夺取金牌"的努力。他读书时患有"诵读困难症",学习能力低下,被分在慢班上课。

"我对于自己的智力,或作为一个人,从来没有过这样强烈的自信心。"金纳现在这样说,"我进入体育界的主要原因,是因为我觉得自己在学校里被人轻视,而搞体育则可以证明我作为一个人的价值。在教室里我可能已经落后,但我要在篮球上同其他人较量一番。"

中学毕业后,他在艾奥瓦州格雷斯兰大学获得一笔田径奖学金。他的教练韦尔顿发现他在体育方面很有前途,动员他训练十项全能运动,准备参加奥运会选拔赛。

"从 1973 年至 1975 年 7 月,"金纳回忆说,"我从未失败过。我非常艰苦地训练,为 1975 年赛季做准备。但我那时的成绩还不到 8500 分。尽管我每次比赛都获得优胜,但总觉得有什么地方不对头,还缺点什么。我去参加加州大学圣巴巴拉分校举行的全美大学联赛,但还是达不到要求。"

在圣巴巴拉的运动会上,金纳的撑竿跳彻底失败了,他练习了几年的步伐完全乱了套。"如果起跳高度不成功,那就全盘皆输。仅此一项就是 1000 分。但我起跳的步子错了,根本没能跳起来。我非常难受,说了几句话就跑出了大门,躲进一片树林中大哭了一场。没跳出成绩关系不大,但离奥运会只有一年时间了。

"我的心中真是一团乱麻：'也许我的成绩再也上不去了，也许到了顶了。可能再怎么练也是没用了。'

"我在思想上要做好准备，以防万一得不到第一名会受不了，因为我知道那对我将是一个重大的打击。"

没等运动会结束，金纳就回到家中思考自己的问题。"我同妻子克丽斯蒂谈了几次。她对我说：'你想在奥运会上拿金牌吗？在奥运会上取胜是不是很重要？那是不是你一生中最重要的事情？'"

克丽斯蒂的问题打中了要害。"记得我当时坐在客厅的一张大黑椅子上，我不能回答说'是'，因为我的脑子很乱。接着我想：'还是稳妥一点好。还是继续保险公司的生意吧。搞不成体育，就靠别的维生。'

"但我是有取胜的潜力的，取得第二名或第三名，对我都意味着失败。所以我又想到：'要是我说那不是我一生中最重要的事情，压根儿那是在自欺欺人，因为我实际上并不是那么想的，只是在压制自己的感情而已。'

"因此我想，如果我真的认为那是我一生中最重要的事情，那就不仅仅是在奥运会上取胜的问题，不仅仅是在竞技场上的竞争问题，而是把体育当成了自己的生命，是自己立志要做的事情。如果失败，那也就是失去了生命。"

对金纳来说，确定这一目标将意味着要把自己的一生献身于体育事业，为这个目标而活着。

"这要冒很大的风险，等于是拿生命作赌注。但我必须这样做，取得胜利，不达目的，决不罢休！因为那对我至关重要，否则，我就不会拿出百分之百的力气，全力以赴地去争取。

"我又想，万一那一天我失败了，我有充分的信心，重新打起精神来。也许我要花上几天、几个星期，甚至几年的时间去恢复，但我会是经得起失败的。

"于是，我对克丽斯蒂说：'是的，夺取金牌确实是我一生中最重要的事情！'"

金纳回忆说，他当时觉得好像打开了一个闸门，浑身热血奔流，力量倍增。"我还是坐在那张椅子上，精神状态完全变了样。"

一个月后，即 1975 年 8 月，金纳参加了一个非常重要的运动会，以 8524

分的成绩打破了十项全能的世界纪录。这时离奥运会正好还有一年时间。"这是因为我的精神状态变了,认为'这是我的生命,是我要做的事情'。我参加这次比赛有充分的思想准备。我做完了每一个项目,整个比赛中都发挥得很好!

"这是我事业上的一个重大变化。由于我遇到了挫折,然后对奥运会失败的可能性做了认真的考虑,所以才得到了这样的结果。"

也许你小时候你母亲总说你"胆小害羞"。你也许觉得自己不善交际。你是否已厌倦了成天躲在自己小窝里的生活习惯,愿意来一个变革?

那么,你就学习布鲁斯·金纳去冒一次重大的风险吧!拿出你百分之百的努力,不要再退缩不前了。鼓足全部力量去克服失败情绪,尝试去走一条艰难的新路。

尝试者永没有失败

当然,并非每次努力都能成功。在尝试的过程中你也可能遇到很多次失败。那些成功者了解这一点,所以他们知难而进。他们甘愿承担忧虑和恐惧给他们带来的感受,但他们还是愿意不断地去尝试,在争取成功的道路上勇往直前。

美国著名的心理学家丹尼尔·扬克洛维奇说:"研究结果证明,甘冒风险的人很少后悔,即使他们的选择结果不佳也毫无怨言。他们觉得自己正在学习宝贵的东西,并珍视自己拥有的这份犯错误的自由。"

失败者却不是这样,他们这样对自己说:"如果我不用功读书而考试失败,我并不怎么难过。我没花劳动而一无所获,也是应该的,那不算丢人,可以理解。但是如果我拼命地学习仍没有考好,仍然得了低分,那就显得愚蠢可笑了!"

纽约大学心理学系的迈克尔·林纳进行过一项研究,认为这种人是一些"自暴自弃者":

他们十分害怕发现自己的不足之处,所以常常自缚手脚,不自觉地摧毁了自己成功的机会。失败之后,他们可以列举出自己的不利条件:"今天早晨要求交的这份学期报告,我昨天晚上10点钟才开始写。"或者说:"考试时我头昏得厉害,根本没法思考问题!"

为了保全面子,尽量少担风险,失败者不去努力尝试,不去学习,也不思改变。他们当然不会知难而进，结果是极难取得成功。反而愚蠢地认为自己没花多少时间和精力，觉得自己还挺不错的呢!

出外找工作时，成功者和失败者都会感到担忧。遭到拒绝的可能性很大，他们的顾虑也很大。失败者决定推迟行动，待心情平静，不那么害怕时再说;成功者不是这样，他们能够勇敢地承受这种担心和不安，不怕吃闭门羹。

每当成功者推开别人的房门去参加求职的面试时，他的心情也会十分紧张，感到担忧，但他知难而进时，仍从容走进屋去。他认真地去拜访自己想拜访的每一家公司，尽管他知道每次都可能被拒之于门外。

但是，请注意他们与失败者之间的不同:只有失败者不愿意冒风险，害怕承担过多的担忧。为了找工作，他两周只花了4个小时，而成功者花费的时间一周竟高达60多个小时。两者之间的差别如此之大，究竟谁能找到工作，这是不言而喻的。

用欢乐的情绪和坚强的信念去战胜恐惧

在前面，我们讨论过保持积极态度的重要性。科学研究的结果证明这种看法是正确的，说明一个人对生活的态度可能是决定他取得成功的能力的最重要因素之一。正如正视自己的恐惧心理可以增强自己的力量一样，心虚害怕、觉得前途无望会降低你的能力，降低应付环境的本领。一个人的精神状态，是否具有满怀希望的能力，对他是否有争取成功的动力，具有强大的影响力。

近30年来，生物学家和心理学家进行过许多研究，对上述理论做过探讨。约翰斯—霍普金斯大学的科特·里克特博士做过一项试验，研究过希望对于行为的影响。他用两只老鼠做了一个简单的研究:先将一只老鼠攥在手里，老鼠用尽力气也无法逃脱。挣扎了一会儿后，老鼠就停止了抵抗，几乎一动不动了。然后把它放进一盆温水之中，它立刻沉了下去，完全没有游水逃生的企图。

接着，再把第二只老鼠不经手攥而直接放进水中，它很快就游到了安全的地方。

实验的结论:第一只老鼠已经知道要改变处境是无望的，不管付出多大力气也无济于事。所以，它认为无论采取什么行动都是没有用的。

第二只老鼠没有经过手撅的处理，不知道挣扎与尝试是无效的，不知道它的处境是绝望的。一旦面临危机，立即就做出了反应，也能够采取行动，进行自救。

一些大学生也做过实验，证明绝望无助是由于以前的经历所造成的，是后天养成的行为。医务人员在治疗垂危病人时发现，病人如果能受到极大鼓励，往往能活较长的时间；充满希望的病人比失去信心的病人更容易康复，他们的心情也比较愉快。

心理治疗的临床经验以及人和动物的实验结果都证明：越是努力尝试，效果就越好。既然绝望和无助的心理是后天养成的，那么能正视这种忧虑的心理，就能够克服掉这种心理。一个人越是大胆地面对心中的恐惧，他就越有精力和动力来保持这种勇气。

你是这种情况吗？你在生活中碰到困难或障碍时是否知道应该满怀希望？这是成功者和失败者之间的又一个分歧点。成功者不丧失希望，而是坚持不懈、不屈不挠地坚持到工作完成，一定要找到可行的解决办法。

满怀希望和保持幽默乐观是恐惧不安的对立面，它能使人坚持努力，知难而进。

用欢乐的情绪和坚强的信念去战胜恐惧，因而能够把自己身体内部巨大的康复力发挥出来。

如果你能够知难而进，正视自己的恐惧心理，同样也能发挥出不同寻常的能量，使你实现自己的目标，成为一个成功者。当你踏上前人很少走过的路和试验新的方法时，你就可以发现自己的全部潜力。只要勇于承受心中的忧虑，坚持不懈地尽自己最大的努力，就一定能够取得意想不到的成绩。

如果你像失败者那样对待恐惧，不去尝试，不敢冒风险，你可能一生中很少担惊受怕，但你也不会有多大成就。

电影制片人和企业家迈克·托德在30多年前就说过：

要记住：走路时不迈开第一步，就不会有第二步。

你一旦决心去走一条崎岖不平的道路，把担忧之中包含的动力释放出来，你便会有可能在许多方面发现自己原来有数不清的优点。不论你的目标小若水珠，或大若高山，你都可以承受各种风险，改变你的生活，赢得成功的喜悦。

第九章

时时冲破困境

> 如果你预计会失败，期待失败，你就真的会失败。
>
> 若想要今生过得成功，唯一的途径是去学习怎样对付事情。对付的意义就是去掌握事情，勇敢而冷静地面对事情，挺直胸膛来处理事情。

如果你预计会失败，期待失败，你就真的会失败。只有以信心武装自己，冷静地掌握困境，相信成功，你才真的会成功。如果你曾经想象你和你所爱的人未来有着新的人生，你的信念和欲望将会表现在生活态度上。事实上，你对于命运的看法会与你生活的态度一致，你会期待未来的人生能依照你预期的计划进行，并塑造成你想象的人生。

一般人容易预测不好的事情发生，如果真的发生了，他们马上会说："看吧！又被我碰上了，我就知道会发生这种事。我以前就认为霉运会跟着我，你看吧，果然没错！"

以成功的心态过生活的人会期待成功的到来。如果他们遇上好的事情，他们会说："瞧！我说嘛，我早就晓得会这样，我已经努力很久了，希望它真的发生，果然不出我所料！我想，未来一定会再遇到这样好的事情。"

 ## 学习静候佳音

"在每个人的内心，都具有一项佳音。"

我在百慕大一幢漂亮的房子里，看到了一句令人惊喜而深思的话，装在一个镜框里，挂在墙壁上。

房子是属于吉奥佛瑞·吉增中校的，于是，我便跟他讨论起这些具有激励人心力量的字眼。我们都同意，在我们内心深处，都具有一项非常好的佳音，就是我们都具有一种迎接困境，并以创造性的行为去打破困境的力量。因此，如果在你阅读此书的时候正面临一种困境，这句话的意义就非常明显，你可以打破这种困境，而且获得胜利。如果这种困境已经把你打垮了，或许还使你失去信心，那你就要重新汲取积极的思想，而且这次要坚持下去。当你再度相信你自己的时候，你的勇气就会倍增，继续前进。不管一件事的表面看起来是多么复杂和困难，你也会对它产生洞察力，而且有力地抓住要点。我们之所以使用"表面看起来"这几个字，是因为一般说起来，任何问题的结果无论是好是坏，都要看我们把它看成什么样子而定。大多数的情形是，我们事先就在心里把它决定了。因此，对于现在所面临的困境，你要采取一种勇敢而积极的看法，并且运用积极思想，成功地打破困境。

首先，我们来看看一种似乎会周期出现的情形，在经济衰退或商场萧条的时候，许多人都发现他们已经失去了赖以生存的工作。这种情形当然令人十分不好受。在最近一次经济衰退期中，几乎没有一个人，能像这位有9个小孩的父亲在报上所发表的一篇文章，把这个问题说得如此深刻。这篇文章如下：

让我来告诉你，一个52岁而又没有工作的人，情形是什么样子的。

身为一个最近刚刚失业的美国500家最大公司之一的一个部门的中级经理人员，我寄出了将近200份的履历表。不论是好是坏，能够得到回复的不足

10%；跟我要更详细资料的有 5%；而要我去面试的不足 4%；要我去工作的却一家都没有。

第二次世界大战的时候，我是一位在太平洋作战的步兵，因此，对于恐惧和人类怎样应付恐惧方面，我已经有了一些经验。我深以自己不比我的同僚那样容易害怕而感到骄傲，但是年龄已经是 52 岁，而且没有工作，确实使我害怕起来——害怕到深入骨髓的程度。早上起来时害怕，晚上睡觉时也害怕。简直是终日惶惶，使我头昏脑涨，使我心惊胆战。

你过去一直认为是理所当然应该得到的事情，现在完全不同了。你不再能够维持你的医疗保险，而 25 年以来第一次，你和你的家人得不到疾病治疗的免费照顾。你也不能够定期付出人寿保险的保险金。你办理抵押贷款的银行也通知你说，他们已经在考虑采取取消抵押品赎取权的行动了。水电费也逾期未付，而你只能以先付一部分的方式，去维持这种不可缺少的供应，一切情况都使你深知能够拖下去的时间已经不多了。

在这种情形下，当一个 14 岁的好儿子带一张优秀的成绩报告单回家，你得要告诉他，你没法拿出你答应过要给他的 5 块钱奖金。

在这种情形下，当你经过附近街上商店的时候，你会觉得很不好意思，心想着你什么时候才能把欠款付给他们。

在这种情形下，你就会觉得你对做一个男人，以及对保护你的家庭不受经济灾难影响的能力，已失去信心。

在这种情形下，你就会对任何工作、任何有工作的人羡慕不已。

在这种情形下，你就得跟其他的失业人员一样沉默地排队，等着签名领取失业救济金。

在这种情形下，你就有机会在星期二早晨 10 点半，看到你的邻居是什么样子。

还有，在同一时间，当你去接电话的时候，会觉得很不好意思。

在深夜，当你一家人都静下来，而你关掉卧室电灯以后，你就会觉得非常孤独，好像以前从没有感觉到的那种孤独。躺在那里凝视着黑夜，你就会想着是否会失去你努力了一辈子所建立的家庭，它代表 30 年的工作和生儿育女所累积起来的，也是你所剩下来的唯一的东西。

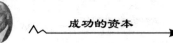

最后，在这种情形下，你躺在床上辗转反侧地等候一个新日子的来临。

我们在这里并不是要讨论为什么我们的社会会发生这么悲惨的经济危机，我们所要讨论的，只限于一个人应该怎样以创造性的态度去面对一个困境。或许第一步是应该提醒这个人，在他自己的本身里，仍旧拥有这项"佳音"，使他找到一个答案、一项解决的办法。根据这项原则，一个基本的程序——要一再地断然否定"完全没有希望了"的观念。这项认定必须包括一项积极的主张，还要重复地说出来。下面这段话，或许可供你参考："不论我面临什么样的困境，我都能够得到一项具有创意的结果，而我目前正在获得一个具有创意的解决方法。"

你要不断地重复说出这种认定，直到这种观念经由一种智慧渗透的方式，深入到下意识中，而且被接受为一种事实为止。然后，积极的力量，就会立刻发挥作用，而使这种认定实现。记住：一项消极的认定，也具有很大的力量，如果你一再认定会失败，你的大脑就会以同样的方式，产生一种失败的模式。

因此，第一步，你要培养一种对自己天生的或内在的创造力的认识。第二步，你要积极地认定成功不但可能获得，而且在意识里有力地具有创意地发挥作用，同时成功正逐步地实现。

遇事镇定冷静

处理困难的第三个步骤，是除去它的热度，冷静下来，祛除任何形式的惊慌。这个步骤非常重要，我们甚至可以把它列为第一步骤。但不管它是第一步骤也好，或第二、第三步骤也好，面临一种困境的时候，绝对重要的是，绝不、绝不、绝不惊慌。我深知要避免惊慌是不容易的——非常不容易。在困境和危急之中，我们总容易激动，因此要使心智冷静下来的话，必须要有坚强的自制力。而当我们的心智被扰乱、惊慌起来、忧愁起来、生气起来，或处于任何其他激励的状况之下时，很难运用这种自制力。

不过，我们随时都要保持镇静，当人类的脑筋由于高涨的情绪而变得激动的时候，它必定不能发挥最高的效用。只有当脑筋冷静——最好是沉静——下来的时候，它才能顺畅而有组织地发挥作用。只有在这个时候，它才能产生不动感情的、合理的、客观的洞察力，然后才是解决问题的办法。面临一种困境的时候，心智必须尽可能集中，因为要打破困境的话，一个人必须真正用心去思考，当情绪被严格地控制住的时候，才会有成果。

一位曾经打破一次失业困境的人（当我读到上面提到的那篇故事时，我想起了他）告诉我，他运用过一种冷静、理智、抑制情绪的方法。这个方法非常有效，这个办法非常成功地使他发挥高度的思考能力，而采取了建设性的行动。他的方法就是在脑筋中一再重复地想着下面这句话："坚定依赖你的心智，你必须保证它要十分平静，因为它倚靠你。"

以及，"……到我这里来，我就使你们得到安息。"还有，"你们得力于平静安稳。"

从培养心智的观点来看，他是一个非常聪明的人，因为他即使是在面临困境的情况下，也能在心里回忆那些他见过的最宁静的景致。例如秋天枫叶遍地落在维蒙州的一座小桥上；他孩童时代参加夏令营时在梅茵州一处僻静的海滩。他这种所谓"回忆宁静景物"的做法，似乎可以产生一种有益的效果，而使他的思想冷静下来，因此更能客观地、不动感情地考虑有关事项。当我们能以这种平静的心态去思考的时候，我们就有更好的机会，去抓住具有创意的洞察力和办法，以帮助我们脱胎换骨、脱离困境。

 ## 信心与绝境永远不会共存

一个人之所以惊慌，是由于他认为自己处于一种绝望的状态，因此就可能没有耐心和信心去运用这里所说的合乎科学的反慌忙方法。"你根本就不了解我的情况，你不可能真正地了解。"他可能会激动地宣称。他的这种反应是可以理解而且应该得到同情的。不过，从各方面来说，这种态度很难获得效果，因为许多培养了积极原则以渡过困境的人，并不会惊慌。他们反而会理智地以一种控制的态度，去采取行动。

我想到了布莱恩·史提德的可怕遭遇。任何的困境，都比不上这位在偏僻地区驾驶水上飞机的加拿大荒地飞行员所遭遇的那样惨。一家公司派他去勘察荒原上的一处湖泊，考察一下能不能利用该湖泊作为一个补给基地。开始他非常熟练地降落在湖上。但是当他迎着风准备起飞的时候，帽子被吹到水里了。那是他最喜爱的一顶帽子，他不想失去它，因此，他把飞机开到那顶漂浮在水上的帽子那里，并把速度减到最低。当他下到浮架上要去抓那顶漂浮的帽子时，不小心在一处小倾斜面上滑了一下，于是上身跌向正旋转着的螺旋桨。

布莱恩·史提德觉得肩部挨了一下重击，接着他自己在水中猛烈挣扎着。他并不觉得特别疼痛，因为他以为可能只是撞到一根支架而已。随后他觉得右臂有些不太对劲，于是代以左手游泳。接着，当他想爬上飞机的时候，他才发现，他的右臂已经被那旋转的螺旋桨完全砍断了，肩部正在大量流血。他立刻就知道，除非马上采取行动，否则他会因为流血过多而死。就在这时候，他想到死去可能更好，因为没有右臂他怎么能够活下去呢？但是当他想到了他的太太和小孩的时候，这种想法很快就被排除了。血从他肩部直向下流，他越来越觉得头晕。这真是一个令人慌乱的场面——右臂断了，大量流血，独自在荒野中，远离可以获得救助的地方。

在这种危境之中，他为什么没有慌乱呢？答复是：这位飞行员是一位有坚强信念的人——真正坚强的信念。处在这种困境的他知道在哪里可以找到比人更好的帮助。他恢复了体力并爬进驾驶舱里。本能告诉他怎样以一只手运用一个止血带以止住他肩部的流血。他使飞行速度加快，却一点都没有发晕的感觉。他终于飞回基地，在那里，他的两个朋友为他急救一番，然后用飞机把他送到医院接受治疗。

当飞行员布莱恩·史提德提到这段令人难以置信、而且可能使任何人都完全绝望的遭遇时，他说："许多人告诉我说，大多数的荒野飞行员，如果发现自己处在我那种困境，都可能会惊慌失措。或许我也会的，如果我不知道下面这句话所包含的真理：信念是我们的避难所，是我们的力量，是我们在患难中随时可以得到的帮助。"

很明显，当他遭遇到困难的时候，那份帮助真的是随时都可以得到的。任何人都会惊慌，但是像这位具有这样信心的飞行员，就能排除惊慌。因此，不论困境多么令人心慌，都要以创造性的精神去打破它。

内心的平静是冲破困境的良剂

在我们日常的生活中，很少能面临像布莱恩·史提德那样的困境，但是我们时常会感到各种各样的压力存在。如果我们能使自己平静下来，完全可以在生活的奋斗中获得胜利。如果你无法获得平静，生活将没有意义。所以，你必须使你的灵魂获得安宁，并且平静生活。

古希腊哲学家柏拉图说："人间万事，没有任何一件事值得过度焦虑。"

首先你一定要相信，"内心的平静"是可以达到的一个目标。这也许不像表面上那般容易，但如果你已经习惯被挫败、压力而骚扰、打击的话，那你可能认为心情的平静是无法获得的。

一些重要的杂志与报纸，经常报道今日青少年内心的焦虑不安，以及他们紧张情绪的爆炸性。一些最受尊敬的社会学家也告诉我们，现代生活充满许多不正常的焦虑。哲学家、精神学家以及宗教领袖皆同意今天的生活缺乏精神上的平静，充满冲突，并受到怨恨的骚扰。数以百万计的人以焦虑来折磨自己。他们优柔寡断、充满恐惧，甚至无法接受自己的感觉或缺点。他们对任何事情都不敢做决定，对于所谓的生活中的"失败"感到愧疚。他们的行为太矛盾——否则就是害怕得不敢采取任何行动。焦虑已经成为他们的生活方式。恐惧和精神上的毛病充满他们的脑海，取代了他们应有的成功与自信的感觉。

这是不是证明生活中的宁静无法达到？不是。我要向你再度证明，如果你感到焦虑不安，也不要泄气，因为跟你同样的人太多了。在今天这个世界中，确实有些情况会使人产生焦虑与不安，因此若想获得心灵上的平静，首先就要接受你的焦虑与不安，不要因为它们而责备自己。你越能够接受自己，就越容易容忍自己的弱点，也越能够接近心灵上的平静，同时也越容易面对问题、解决问题。

我有一位医生朋友，每天下班后，仍然可以感受到工作上的压力，因而觉得精神十分紧张，但他只要弹弹钢琴，就能平静下来。他所弹的大部分是肖邦的作品，我有时也到他的公寓里坐坐，点上一根雪茄，看着他弹钢琴，在优美的琴声中，不知不觉和他一起轻松起来。

"我不知道这是怎么回事，"他有一次对我说，"只要我弹起钢琴来，我就觉得十分轻松，忘掉了生活压力。我能够自得其乐，不再担心那些痛苦的病人，也忘了那些身患绝症的人，我这样也许不对。"

"不，"我说，"你必须放松下来，甚至忘掉最可怜的病人，否则你不但不会成为好医生，还会降低你帮助病人的能力。钢琴给了你心灵上的平静——接受这份礼物吧。"

人人都有这种振奋精神的潜力。把它找出来——然后看看它能为你带来什么好处，并充分利用及发展。

你是忧虑的奴隶？如果是的话，问问你自己：你相信奴隶这回事吗？

这不是笑话。如果你的思想不断地从这个忧虑转到另一个忧虑，那你当然就是忧虑的奴隶，而不是个自由的人。

你会不会说："值得忧虑的事情太多了。"

你用不着一一列举你所遭遇的问题，我同意你的看法，但是这种想法是很消极的，浪费了你美好的思考能力。

作者卡宾夫妇在《如何在一个忙碌的世界中放松心情》一书中写道：

"如果你习惯于制造消极思想——嫉妒、怨恨、自怜等等，那么不妨把这些思想当做脑中的侵略者。一句古老的东方谚语说得很好：'你无法阻止鸟儿自头上飞过，但可以不让它在你的头上做窝。'

"面对你的困难。从各方面去收集与困难有关的知识，把你的忧愁交给上帝，尽量设法改善造成困难的情况。不要把你的忧愁传给朋友以及心爱的人。"

这是个很好的建议。因为忧虑是对人类破坏力最大的祸患之一，一旦它控制了你的思想，你的日子会变得十分悲惨，你将无法安眠。任何可能降临在你身上的祸患中，最不幸的便是忧虑了。

著名的哲学家科克加曾经写道："没有一个审讯者能像焦虑那样随时准备折磨人，没有一个间谍比得上忧虑那样懂得攻击他所怀疑的对象，选择这个对象最懦弱的时候去攻击，或设下陷阱诱捕对方，不管如何精明的法官也比不上焦虑那么懂得去询问和查证，焦虑永远不会让被告逃之夭夭……"

下面这些建议可协助你克服忧虑：

1. 公开你的恐惧，把你的恐惧告诉朋友，即使听来很荒谬的细节也不必隐瞒。你把自己的恐惧说得越多，就越不觉得它们恐怖，而且会忘得越快。

2. 努力解决问题。当你觉得你已经尽力去解决一个问题时，即使你并未找到一个明确的答案，也会对自己感到满意，并允许自己身心松弛一下。

3. 引导你的思想进入建设性的管道。你既然决定解决某些问题，那就不要再去想它，否则只能使情况更恶化。要更积极地运用你的想象力，描绘出更快乐的情况，或从事能为你带来快乐的活动。

 ## 面对困难是解决问题的第一步

你能够对付任何事情，你真的能够。有一件事情是亘古不变的——若今生要过得很成功的话，唯一的途径是去学习怎样对付事情。对付的意义就是去掌握事情，勇敢而冷静地面对事情，挺直胸膛来处理事情。

在一个人还小的时候，常常会发现人必须对付事情。一个人只有在培养出这种性格以后，才能获得最后和永久的胜利。聪明的人永远不会说没有机会去获得一项伟大的、甚至难以置信的成就。工业巨子西奥多·威尔说过："其他的困难是可以克服的，只有想象的困难，才难于征服。"但是，即使想象的困难，也可用正确的思考加以克服。凡是困难，不论真实的或想象的，没有不可能攻破的。但是在提出你能够对付任何困难的时候，我要提醒你看看作家威尔·费瑟所说的微妙而正确的话："预期可能失败的人，很少能够获得成功。"因此，你要抓住这种想法，坚持到底抓住这种想法，就是认为你能够对付任何事情。

如何做到这种令人难以相信的事情呢？第一，遇到困难的时候，永远不要糊里糊涂、犹豫不决地拖下去，要掌握住它，处理它。不要害怕、畏怯或怀疑。要紧紧地掌握住问题，而且有力地去对付它。

在商人约翰·包尔士的办公室里，他告诉我他所克服的许多困难。我觉得他好像非常轻松，不曾受到伤害。因此我说："约翰，你怎么有办法处理你所遇到的那些事情？那些麻烦足以使许多人垮掉。"

他指指一个插着一大枝蓟花的花瓶。"为什么插一枝蓟花？"我问，"你不能买一种更漂亮的花吗？"

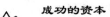
"哦,"他回答说,"由于我曾经经历过那些困难,这些蓟花代表了多数人所没有看出的真相。"

"你说这些话,后面一定有某些道理。"我说。

"当然有。这样吧,握住这枝蓟花看看。"他说。

"我不喜欢这花的样子,上面长着那么多刺,它会刺痛我的。"

"握握看。"他催促我,"握住它。"

我犹豫不决地伸出手,小心翼翼地摸摸它。"它会刺人。"我不高兴地说。

"你应该毫不在乎才对。"他说,"你要明白,这蓟花正代表着生活中的困难。如果你懂得怎样去握住一枝蓟花,你就懂得了怎样对付困难的第一步。因此,你要握住这整枝的蓟花,用力地握住它。"我照着做了,信不信由你,一点都不痛。它在我手中碎了。

当然,这并不是说,当你去对抗困难的时候,困难就不会伤害你。但是,如果你能勇往直前地去处理它们,它们伤害到你的程度就小得多了。当你遭遇到一个你必须去对付的困难时,不要躲避它,要紧紧抓住它,处理它。

你比困境更强大

这个发挥了积极思想的经历,使你明白了你比困境更强大。不管环境如何险恶、如何艰难、如何令人畏惧,你都有对抗并克服一切困难的潜力。我们所指的潜力,就是发自内心坚定又虔诚的信念,这是人人都能加以利用的强大力量。凭借着这股力量,你可以摆脱重重叠叠的艰难困境。你记得《圣经》对这个问题说些什么吗?"你们若有信心、不疑惑……就是面临一座山,你们也能挪移它,并将它投在海里。"

但是能够达到这种特殊成就的信念,是极端真诚的信念,也是永远不接受失败的积极态度。它是一股对信念的热情,积极态度的热情,信任生命以及信任自己的热情。它是深埋在意识中的强大信念,确实深埋在心灵里,所以当你需要的时候,它会以一连串生生不息的力量协助你。因为这种信念非常坚定,所以不容许丝毫疑惑存在。的确,疑惑对热烈的信仰,以及发自内心的信念,不会发生影响。

当然这并不是说，疑惑从来不曾进入人的心中。人有时候会感到疑惑，结果可能会相当可怕，因为阴郁的消极思想会在心里蒙上一层阴影。但是没有信念或拥有形式化的虚假信念，跟拥有虔诚的信念之间的不同之处，就是疑惑对后者的攻击无法奏效。它会运用自己的力量，去维持积极原则。

有一次在加拿大的亚伯达省，我在一个商会每年一度的晚宴上发表演说。听众很多，也很热情，我在演说中详述积极思想的观念。后来，跟群众握手的时候，有一个人像风一样地迎来，他的举止和态度之愉快、热忱与活力，没有其他言辞可以表达。他很快地说出几句充满力量的话，但这是我所听过的最有价值的克服心理障碍的方法。队伍后面的人一直向前挤来，所以他说得十分简洁，并且在我还没有问他的姓名前，一下子就不见人影。但是那明朗而蓬勃的面容，以及那些有力的话语，将永远留在我的记忆里。

"每当我因为某件事情而意志消沉的时候，"他说，"我几乎就会被所有随之而来的困难所击倒。请相信我，它们时常找到我头上来。在我心里总是想象着较大的困难会来临，结果并没有使我失望，因为困难始终是越变越大。"他继续说，"后来，我偶然在巴士上捡到一本别人留在座位上的小杂志，我读了其中一篇文章。文章的主题是关于抗拒逆境。我想：'真是异想天开，如果你抗拒逆境，逆境就会消失，有这么容易吗？'但是那篇文章里，有一句话使我铭记在心。那就是，'神若帮助我们，谁能抵挡住我们呢？'但我想到这句话的时候，我自己把它改成：'神若帮助我，有什么人或什么事情能抵挡我呢？'

"从那以后，我开始学习抗拒那些逼迫人的逆境，同时，我经常确认神是帮助我的，所以有什么事情能抵挡我呢？你应该试试这个办法，"他热情洋溢地说，"它会使你踏上胜利之路，就像我一样。"这么说着，他的手像老虎钳似的在我手上紧紧一握，然后消失在人群中。

我很感动，所以接受了他的忠告。我也开始抗拒逆境，并确认圣灵的支持，结果获得了惊人的发现，因为困难似乎一下变少了，而且非常容易克服。它们当然没有完全消失不见。事实上，你有时的确需要对付一些难关，而且这是永远不能避免的。但并不是它们的力量减弱了，而是你的统御力相对地增强了。这是事实，非常美好的事实。

我引用过弗洛伊德的话，大意是说，人的主要任务是忍受生命。当然，至少以我们目前对生命尚一无所知的情形来说，我们的确必须忍耐某些事物，设法接受一些不愉快的因素，而没有任何选择的余地。但是如果这就是生命的全部内涵，那生存是多么令人毛骨悚然的事。我喜欢把生命看作：人的主要任务是支配生命，以及克服生命中的重重困难。因此，本章讲到坚定又虔诚的信念，它可以帮助我们战胜困境。在加拿大的那位先生，虽然和我只有短暂的会晤，却使我终生难忘，因为他告诉我，热烈的信念使他产生不寻常的力量，而得以抗拒逆境。那是有力地表达积极思想的新方法。

著名的研究科学家查尔斯·克德林曾经说过，问题交代得清楚，就等于解决了一半。处理困难的重要步骤，是把困难组织得井井有条，这样，你才能够看清各个问题，以及它们彼此之间的关系。古代负有盛名的雅典将军及政治家狄密斯托克利指出，把问题说出来，比主观地去想还有用："人的语言就像帷幕，帷幕必须展开来，才能显现它的刺绣花样，但是卷起来的时候花样就隐匿而且变形了，语言也是一样的。"同样，一个问题的种种要素，如果有恐惧或惊慌牵涉在内的话，往往会显得难以克服，这样也是没有事实根据的。如果我们要圆满解决问题的话，必须把事实好好地组织起来。

有实质的信仰之所以是非常重要又珍贵的另一个理由，是因为它有一个副产品，能使人对任何问题都不会感情用事。相信这种价值存在的人，恐惧就会减少，甚至完全消除，因此也能够具备清晰而客观的思考能力。他能够很清晰地看出事情的真相，而不会感情用事地戴有色眼镜去臆测。他能够勇敢地面对某种情况，并获得圆满的结果，即使当事情并非如想象那样顺利时，他也不会感到手足无措，而是能够冷静地面对问题、解决问题。

调节心智

有一次，我在西南部某一城市参加一个颇受欢迎的电视访问节目时，主持人根据他的经验，强调虔诚的信念及其组织心智法在对付困境时的重要性。他想讨论我的积极思想观念，以及该观念和心灵信念的关系。我在访问中，略述我的积极思想法和实行的技巧，并坚决表示它们的实用、有效和可行。我记得自己曾经说，你的心是有组织的，它能够以非凡的效率处理问题，因为它可以把问题的所有要素都排列出来，以寻求科学的解决途径。

这种观念让主持人动了心，因为他所持的传统见解，认为这只不过是一种理想化而不切实际的态度，跟现实的事情没有关系。"你的意思是说，借着所谓的虔诚信念，我就能解决目前所担心的个人问题吗？"

"当然。"我回答。

"但是，"他继续说，"我的信念怎么也称不上虔诚。事实上，我非常有信心，而且我的信心可以说是粗枝大叶，只不过有些模糊不定。"

我告诉他说，信心并不需要很大，并引用《圣经》的话："你们若有像芥菜种子般大小的信心(虽微小却真实)……你们没有一件不能做的事了。"我又说，"问题不在于信心的大小，而是要有真正的虔诚。因此，即使小小的信心，只要真诚，就有力量。"

人的心是一种很奇异的工具，而使心发挥作用的思想，能够决定人的命运以及他处理日常问题方法的好坏。我们长久以来怎么想，我们就是那样的人。现在的你，可以说就是过去10年左右你的主要思想模式所造就的。如果你我想从今天起的10年以后，我们会变成什么样子，结果就决定在你我今后10年的思想方式为何。积极原则就是一种科学的思考方法，可以使事情好转，而且一直好转下去。

恐惧的想法能够破坏创造力，而且更糟的是，它们会使你经常害怕的事情成为事实。在发扬真理的《圣经》中，有一段非常醒目而可怕的话："我所恐惧的将降临到我身……"由于经常害怕某种麻烦、疾病、意外或失败的来临，而且长期使恐惧感保持强大的结果，于是促使长久的恐惧感真正发生的力量越变越强，甚至从无到有。

同样，我们长久所相信的一些事情，诸如好的结果、健康、伟绩和成功，也能够降临在我们身上。恐惧和消极主义虽然能够产生破坏性，但是信心和积极主义也能得到创造和发展。因此，我们一定要保持活力充沛的态度，持之以恒，因为那里面有更多的力量。

修·富勒敦是一位老牌的体育记者，他的文章非常具有可读性，几年前，他在某报发表了一件奇事。我已经忘了报纸的名字，不过故事的内容倒是记得十分清楚。那是关于一位德州队经理乔·俄瑞利的故事。俄瑞利先生的球队那一季表现不佳，即使他的队里有 7 位打击率超过 30% 的击球手，也无济于事。几乎每一支球队，都能轻易打败他们。然而他们的确是最有实力，也最有希望获得冠军的一支队，可是球队的表现一直令人很失望，不管当时的报纸怎样批评，都没有办法使他们恢复正常。

当时刚巧有一位施乐特牧师在附近开传道会。施乐特牧师以医治心灵病症见长，远近各处的人，都深信他是一位奇迹的创造者。

有一天，乔·俄瑞利没有办法再忍受队员的失常表现了，他要求每位队员交给他两支他们最喜爱的球棒。他把球棒装在手推车里带了出去。稍后，他在下午的球赛开始前带着球棒回来了，他说他把球棒拿到施乐特牧师那里去，牧师已经给了球棒祝福。球员都很吃惊，他们以敬畏的神情看着球棒，于是他们完全变了。那天下午，他们势如破竹，一连打出 21 分。那年夏天所剩下的每一场球赛中，他们都表现得非常出色，最后他们终于获得全国冠军。听说，其后数年，棒球员都愿意出高价买一支施乐特球棒。

我们在此对施乐特牧师致最大的敬意。但是，我们一定要知道，那些球棒本身并没有发生什么改变。不过，那些挥舞着球棒的队员们的心上倒受了奇异的魔法。他们的心获得了重新调节的机会，以至于能够摆脱失败主义者的失常现象，而成为所向无敌的常胜军。

因循接受消极的假设而不觉醒的人，往往会一败涂地，但这种人能够借助虔诚、有力并可以战胜一切困难的信念，使事情彻底发生改变。当心智获得适度的重新调节之后，态度就会随之改变，人也会变得活力十足，只要坚持积极思想，不管环境怎样恶劣，都会力挽狂澜。

寻求虔诚信念的人，内心里都有一股想不断发挥自我能力的冲动。他们是非常奋发的人，永远也不会满足于现状。他们内心有一股永不止息的力量，驱使他们攀登更高的境界，向往更令人难以置信的成就，不断地超越自己，树立更高的目标。虔诚的信念、积极的原则及攀登的本能，都是冲破困境的动力。

向更高的山峰攀登

写本章时，我正坐在瑞士齐欧美镇马特合恩峰旅社的阳台上，这旅社是我的好朋友狄奥多·西勒创建的。这是一个阳光普照的午后，从我的阳台望出去，雄伟的马特合恩峰（译注：阿尔卑斯山的一座高峰，在意大利及瑞士边境）峻峭而清朗地矗立着，围绕山头的白云像一种召唤牵动着所有人的心。这座山像一块巨指状的石头，孤独而冷傲地矗立在阿尔卑斯山区，和其他的山保持了一段距离，但是它的冷峻之美和历史上的传奇事迹，可能全世界没有一座山足堪相比。的确，马特合恩峰在人们的描写中不只是一座山，它是一个精灵，一个游移不定、永远迷人的精灵。

向往高山的人们，总是想攀登马特合恩峰。最初，人们怕干扰到传说中居住在峭壁危岩的恶魔，怕恶魔随时会把冰块和石头推下来击打进入山里的人。后来，人们不顾这些古老的传说，而努力寻找通往山顶的路。但是多年来，都没有人能够爬上那神秘的山顶。

后来，齐欧美著名的山区向导彼得·陶华德表示，这座高深莫测的大山，事实上可以从齐欧美的山边爬上去。所以当时 25 岁的英国登山家爱德华·韦波，以及伙伴佛兰西·道格拉斯，就从当时尚与世隔离的齐欧美小镇出发。在那儿，他们遇到了查尔斯·哈德逊牧师，这人在当时也是一位著名的登山家，因为 10 年前，在 1855 年 8 月 1 日，他是登上罗沙峰（瑞士与意大利间的山峰，为阿尔卑斯山之第二高峰，高约 5065 米）的第一人。

他们组成了一个 7 人登山队，准备向那神秘的马特合恩峰展开攻击。韦波主管全队，队员包括：道格拉斯、哈德逊先生、来自雪墨尼的麦克·格罗兹、缺乏登山经验的 19 岁学生罗伯·海多以及两位齐欧美的最佳向导彼得·陶华德父子。他们一起做了勇敢的决定，要尝试攀登马特合恩峰。韦波在他的阿尔卑斯山的漫游记中，描述了这件震骇人心的事迹。这次可怕的经历不能说是漫游，因为虽然他们到了山顶——他们是第一批站在那神秘峰顶的人——那是 1865 年 7 月 14 日的下午 1 点 40 分，但是他们的昂然自得只是昙花一现。在下坡路上，海多因为攀爬劳累而失足滑倒，并撞上了格罗兹，也把哈德逊和道格拉斯拖下。

那条连接这两组人的麻绳断了。虽然韦波和陶华德父子用超常的努力去挽救，4个人还是沿着1333米的险峻北壁掉到山下。100多年来，他们静静地安息在茫茫的山区里。今天，那条断绳可以在齐欧美的阿尔卑斯博物馆看到。

今天，我看着马特合恩峰想到，这个世界永远也不会有第一。几乎每当有人第一个达到长久以来没有人能达到的目标而打破纪录时，马上就会有人创造出完全相同的伟绩，或甚至超越他。就韦波和他的伙伴们第一次登上马特合恩峰这件事来说，3天后，有一位著名的登山家克雷尔和他的登山队，从布里尔登上了这一令人神往的险峻峰顶。第一批登山者的荣耀只短暂地属于他们。这使我想起歌德讲过的一句话："只有精神，没有荣耀。"

自从那些英勇的人用双脚创造了奇迹，很多人都登上了雄伟的马特合恩峰。这个世界就是这样，一旦有人证明了那件事可行，其他人就会跟着去做，因为由于开拓者的精神，使他们相信自己也能攀登山峰，到达目的地并凌驾其上。所以真正重要的是精神，而不是荣耀。

时代变了，但是人们的心却未曾改变。他们仍是想往上冲，直到峰顶的愿望，依然存在于人们的内心里。在第一次征服马特合恩峰100年后，我的太太和我坐在马特合恩峰山脚下，望着山腰上的一间小屋，那是登山者在破晓时分出发的所在地。一位穿着登山服的青年走过来，坐在我们身旁。他认出了我们，所以有点不自然地讲起自己的事情来。他对自己抱着相当悲观的看法，他认为自己是个不会有成就的失败者。"我想做事情，完成一些事情；我想在生命中有所成就，但是每一次的尝试，似乎总是失败。"他快快地说。他告诉我们他在早春时就已经到瑞士来了，先爬小土堆，再爬小山，然后爬比较大的山，而现在，他要尝试最有挑战的一座山——马特合恩峰。

虽然天已经渐渐晚了，男孩和他的向导约好在日落时分到小屋碰头，准备在黎明时开始登山，但是他看起来不很想离开。"我真的相信我能做好。"他认真地说，"我必须做到。我就是要必须做到。因为如果我能完成这次攀登，我知道我做其他事情也能有所长进的。"他站了起来，和我们握握手。我们对他说："祝好运——愿上帝保佑你。"他挥手答谢。他大概向前走了约100米，然后回转头走到我们坐的地方来。他有点难为情地问："你可不可以帮我一个忙?"

"当然,你尽管说吧。"

"好,那么请为我祷告,好吗?如果我能得到一点你所写的积极信心,我知道我一定能成功的。"这么说着,他踏上了艰辛的登山之途。我们看着他,直到他在转弯处消失无影。

他的确登上了马特合恩峰,而且从那时开始,也成功地爬上了别的山峰。

人们依然想爬得更高、打破纪录,他们一直都在这么做。人随处可以看到虔诚信念的成效,它可以实现梦想。随处都有人奋发、热心而且蠢蠢欲动,他们保留着使积极思想发挥作用的精神、不屈不挠的精神。

 ## 坚定的信念使你可以承受新的挫折

第一个打破纪录的人,证明信念是可以战胜一切困难的。这种事在报纸上所占据的不只是小小的篇幅。例如,有一则关于约翰·瓦克尔的报道,提到这位赛跑名将,他在 3 分 49.4 秒内跑完 1 英里,比从前那位纪录创造者坦桑尼亚的费尔伯特塔贝亚的 3 分 51 秒成绩快约 1.6 秒。瓦克尔是第一位在少于 3 分 51 秒的时间内跑完 1 英里路程的人。

这些都使我们回想起昔日的体育记者都一致认为,人不可能在 4 分钟内跑完 1 英里,他们认为那是永远不会实现的事。"永远"是一段漫长而无际的时间,相信那件事"永远"不会有人办到的人,实在太愚蠢了。那些在 4 分钟跑完了 1 英里的健将们,都把自己的目标定在那"不可能"的 4 分钟上。瑞典著名的干达·里格和阿恩·安德森两人的成绩,都很接近 4 分钟,但是第一位创造田径赛历史的人,是英国的罗格·班尼斯特,他在 1954 年于牛津市达到了这个公认"不可能"的伟绩,以 3 分 59.4 秒跑完 1 英里。

有人认为,第一流的登山以及 1 英里赛跑和普通人没有什么关系。但是相反,登山和打破过去纪录的原则,事实上可以运用到人类的一切活动上。我们每个人天生都想追求进步,都想做更多事情,都想达到更高的标准,实现更高的目标。而经常有人像本书的读者一样,不断地追求更高的目标并且拥有更大的成就。坚定信念的原则,有助于使这些动机保持在即使面对挫折也不退缩的程度上。

我的老朋友佛兰克·魏格曼，是纽约市华艾饭店的副总裁兼经理，他遇到挫折时，时常会说中肯的话："经验的成熟告诉我们，挫折是没完没了的。但是借着坚定的信念，人可以不顾任何阻力，继续向前进，一直到所有困难都被克服为止。这样你便会产生更多的胜利来振奋你自己，你可以承担起新的挫折，并一再打破纪录，继续根据积极原则，以这种骁勇的态度度过一生。"

或许顽强对抗逆境的坚忍能力，是人性最重要的优秀特质。爱德蒙·希洛力先生写了一本《不入虎穴，焉得虎子》的书。他是一位著名的登山家，曾经登上珠穆朗玛峰。约翰·蓝普就他的书写了一篇评论文章，文中把希洛力描绘为"一位强人"。当他和同行者试图经由可怕的急流向上游前进时，希洛力说："每一次我都觉得必须要把自己带到平静的流水地带，我们全神贯注地努力前进着，至于危险我只有把它置之脑后。"这是多么鼓舞人的想法呀。由于全神贯注地努力前进，所以希洛力能够克服他的恐惧。可见坚忍和不断的努力，是主要的秘诀所在。

已故的棒球队经理卡西·史丹葛，正把握了这种原则。人们如此形容他："失败吓不倒卡西，因为他和希望的交情很好。即使在失败的时候，他也总是盼望胜利的到来。"那当然是他战胜率非常高的原因之一。

我在这里只想告诉你们，坚定的信念可以战胜一切困境。半信半疑的人可能会把这些题目修改为和自己情形相符的说法，认为人可以战胜一些，或者甚至很多的困难，但是若断然说人可以战胜所有的困难，实在难以相信。不过我因为经常可以看到坚定信念的惊人力量的实例，所以很久以前就得到一个结论，相信深沉而完全的信念所产生的力量，比一般人想象的大得多，简直无法估计。根据我的经验，不管是我本人，还是从其他全心全意相信自己的人身上看来，要忍受、适应或战胜一切困难，是绝对可能的事，并没有例外。

一个公开集会演讲上，我认识了一位很高、身材结实匀称的男人，他自我介绍说他是这次集会的司仪。他是精力旺盛的人，全身充满活力和热情，使我对他的积极性格与态度，产生深刻的印象。

他告诉我，他曾经在东南亚的战争中，担任直升机驾驶员，后来飞机被击落，他身受重伤，本来大家都以为他会死的。医生们怀疑他的脑部受伤，所以诊断结果认为即使他活了，套用他的话说，他也会"变成无精打采的人"。他的确做了脑部手术，他把头发分开，指一指头顶上的圆盘状开口给我看。随后，他转到美国的一家军医院里，手脚都不能动弹，但是他还是可以说话，而且思考能力未受影响。

有一天他对太太说："我要你把我曾经看过的一本书拿来，那是诺曼·皮尔的作品，请你念给我听。"他的太太每天都念叨这种创造力和再创造力的信念原则，以及积极思想的力量，于是这位几乎绝望的男子，对自己的治愈力产生强烈的信心，而且也相信他自己有自我再创造的力量。最后，他相信，纵然医生诊断的结果很令人心灰意冷，但是他认为自己是可以痊愈的。

他告诉他的太太，从那个时候开始，他要重新整顿自己的意志。他要用意志力控制身体，并对自己保持坚定的信念。于是，他以热情和坚定的决心，经常肯定信仰、信心和精神的力量，给他的意志注入了一股强大的指导力量。他的痊愈来得并不神奇，也不很容易，但是他确实痊愈了，看到他身体强壮、心智灵活地对我述说这个故事，这就是最好的证明。这个例子告诉我们，一位奋发向上的人，当信心的内涵和力量够强够深的时候，他能使自己产生巨大的改变。当我注视着这位不寻常的人在会中主持节目的样子，言词幽默、神采飞扬、声调既坚定又充满热忱，于是我再度肯定自己的信心，那就是坚定的信念可以战胜一切困难，这是千真万确的，所以你应该保持积极思想——永远使它发挥力量。

> 不论我面临什么样的困境，我都能够得到一项具有创意的结果，而我目前正在获得一个具有创意的解决方法。

第十章

坚持到底永远都不会太迟

成功更多依赖的是人的恒心和忍耐力，而不是他的家人或朋友的支持，以及各种有利条件的配合。最终，天才的渴望总比不上勤奋工作、含辛茹苦。才华固然是我们所渴望的，但恒心与忍耐力更让我们感动。

毅力是信心的一种考验。就是一切事情对你不利，但你又知道自己是正确的时候，仍坚持到底。毅力是缔造并维系成功的品质。没有毅力，生命就是一段残缺的历程。

因为有了恒心和忍耐力，才有了埃及平原上宏伟的金字塔，才有了耶路撒冷巍峨的庙堂；因为有了恒心与忍耐力，人们才登上了气候恶劣、云雾缭绕的阿尔卑斯山，在宽阔无边的大西洋上开辟了通道；正是因为有了恒心与忍耐力，人类才夷平了新大陆的各种障碍，建立起了人类居住的共同体。恒心与忍耐力让天才在大理石上刻下了精美的创作，在画布上留下了大自然恢弘的缩影；恒心与忍耐力创造了纺锤，发明了飞梭；恒心与忍耐力使汽车变成了人类胯下的战马，装载着货物翻山越岭，弹指一挥间在天南地北往来穿梭；恒心与忍耐力让白帆撒满了海面，使海洋向无数民族开放，每一片水域都有了水手的身影，每一座荒岛都有了探险者的遗迹。恒心与忍耐力还把大自然的研究分成了许多学科，探索自然的法则，预言其影像的变化，丈量没有开垦的土地。

滴水可以穿石，绳锯可以断木。如果三心二意，哪怕是天才，终有疲惫厌倦之时；只要仰仗恒心，点滴积累，才能看到成功之日。勤快的人能笑到最后，而耐跑的马才会脱颖而出。

成功之路并非一蹴而就

希腊大哲学家埃皮克提图有一句话非常能说明本章的内容，我在这里讲给大家：万物无一可一蹴而就；即使葡萄或无花果也非一日长成。如果有人问我："我想吃无花果。"我将回答："那需要时日。"首先得让树木开花、结果，还得等待果实成熟。

当失败者尝试新事物遇到挫折或陷入困境之时，往往心灰意冷，停步不前。他认定如果换一个更强大的人，一个真正的成功者，只要动手试几下，用不着费什么劲就可以成功了。他会想："我希望自己是一个完人，而不是如此愚蠢！假如我有真正的天赋，是个真正聪明的人，肯定会一学就懂，我每天无论做什么也绝不会失败了，我会马上把吸烟的习惯改掉，学习一次滑雪就可以技艺非凡。"

失败者的思想方法几乎是孩子式的。他们都以为成功者无不具有特殊天赋，掌握了什么诀窍，什么事都可以做得尽善尽美，学习什么都不费吹灰之力。他们相信，成功者每做一件新的事情都易如反掌，轻松自如；他们断定成功者都是"天生的"，学什么一学就会，一会就专。

无论是人类还是动物，要掌握新的技能均非易事，通常都需要付出极大的努力，经过多次的试验和失败。人们要取得成功，需要花费很长的时间，失败了再试验，最后才可达到纯熟练达。

学习是一个缓慢的过程。成功者知道学习需花费时间，不可能一步就登上山顶，一次试验就能成功。他们懂得在各种努力当中，犹如攀登梯子需从最低一层开始，花费数年光阴，一步一步拾级而上，最后才能达到理想的顶峰。

失败者的理论：马上如愿以偿

婴儿每有要求，需得马上满足。他们一想撒尿，立即就把尿布尿湿。我们承认他们的幼稚，并不向他们提出那些就其发育阶段不现实的要求。

然而不幸的是，失败者却终身保留着这种要求需马上如愿以偿的行为模式。譬如，一个失败者决定当一名艺术家，于是便期望自己能一举成名，立即搞出一件杰作；但当他发现自己的第一堂课就十分困难，顿时便又情绪全消，退缩下来。他认为，一个人如果聪明、有天赋，想做什么很快就能如愿以偿，用不着付出痛苦的、单调乏味的努力，用不着去奋斗，用不着花费时间，也用不着付出代价。

失败者希望不费劲就能迅速收获。一旦遇到困难，进展缓慢，他们很快就感到厌倦。于是，他们认为学习曲线应当是直线上升，进展顺利，没有困难，马上就能如愿以偿，得到报偿。

成功者知道，学习曲线记录的是一个接一个的努力奋斗。这种曲线不是直线向上，而是逐步上升的，体现了其中的沮丧、挫折和失望。有时，成功者要花上多年的时间，中间甚至看不到什么令人满意的希望，最后才能达到目标，得到应有的报偿。

失败者一旦不能很快学会新的技能，不仅感到心烦意乱，而且当他试图改变旧习惯、改善自己的生活时也极无耐心。失败者认为，只要一步走错，又恢复到原样 (比如戒烟又中途开戒)，便全盘皆输，于是很快放弃努力。他们觉得，如果自己原来不是十全十美，就是失败。失败者的公式是：一次失败意味着终生失败；一次失败意味着你不具备成功的要素。

这简直是荒唐！这种"完美无缺"的想法实际就是孩子式的幻想。

成功者知道，成功的果实只能慢慢成熟，而且常常要经过多次失败与挫折。他们懂得，犯了错误并没有理由灰心气馁、停步不前，而应从经验中吸取教训，坚持不懈，更努力地尝试。

当一个失败者遇到挫折，他对自己说："我就是缺乏继续下去的条件。"当一个成功者遇到困难，他对自己说："继续下去的条件就是坚持不懈！"

生活中难免犯错误。亚历山大·蒲柏的格言说得好："人孰能无过？"这已成为成功者熟知的座右铭。

 ## 坚持是成功者的品质

海伦·凯勒的老师安妮·沙利文说："人们往往看不到，即使要取得最微不足道的成功，也需要迈出许多艰难甚至痛苦的脚步。"

目标是一点一点、一步一步实现的，因为学习的进程是缓慢的，取得进步需要时间，有时经过数年之久方能看到变化。成功者懂得这一点，在他们为成功而奋斗的过程中，他们让自己一步一步地前进，允许试验和失败。他们的经历大体相似。他们知道，一蹴而就或马上就想如愿以偿的想法是不现实的，但他们付诸行动。他们及早开始，坚持不懈，不断前进。

很多人并不了解，在其为成功奋斗的过程中，可能遇到许多挫折，面临无数令人痛苦沮丧的困境和挑战。

我在研究杰出人物取得巨大成功所具有的特点时，发现"坚持"乃是他们的一个共性。约翰·R·约翰逊1918年出生于阿肯色州一个贫困家庭，曾就读于芝加哥的中学和西北大学。尽管他从未修完业，但他至今已荣获了16个名誉学位。

约翰逊从在芝加哥一家黑人经营的美国人寿保险公司当杂役开始进入商界。现在他是该公司董事会主席，同时是几家大公司董事会的成员。

1942年，约翰逊以他母亲的家具作抵押得到500美元贷款，单枪匹马开办了一家出版公司。现在该公司已成为美国第二个最大的黑人企业。它最开始出版《黑人文摘》（现名《黑人世界》)，后增加了《黑檀》、《黑色大理石》、《黑人明星》和《黑檀少年》等杂志。1961年，他开始经营图书出版业务；1973年又扩大了业务，买下了芝加哥广播电台WGRT，同时经营新潮妇女时装及化妆品。

约翰逊谈到自己艰苦创业和取得成就的感想时，谦逊而诚恳地说："我母亲最初给了我很大鼓励。她相信并经常教诲我说："也许你付出了辛苦而没有成功；但如果你不去勤奋工作，就肯定不会有成就。因此，假如你想成功，就必须抓住机会，努力去为之奋斗。任何问题总是有办法解决的，但办法要人去寻找。要坚持不懈，百折不挠，不停地寻找解决问题的办法。'"

他去芝加哥上中学的时候，就开始为获得成功而奋斗了："我当时没有朋友，没有钱，因为穿着自制的衣服而被人讥笑。我说话南方口音很重，同学们还取笑我的罗圈腿。因此，我不得不想办法在他们面前争口气，我想到的唯一办法就是在学业方面超过他们。

"我更加用功地学习，取得很好的成绩；我还去听公众讲演课。戴尔·卡耐基写的那本《处世之道》，我读了至少有 50 遍。

"班上的同学都不敢高声发言，只有我是例外。我读过一本关于演讲的书，我按照书中说的方法对着镜子练习。由于我做了一些演讲，大家选我当了班长，后来我又当了学生会主席、校刊的总编辑和学校年鉴的编辑。"

1942 年发生了一件戏剧性的事情：约翰逊办起了一家小出版公司。他想扩大发行自己的杂志《黑人文摘》。

"我决定组织一系列以'假如我是黑人'为题的文章，把一名白人放在黑人的地位上，设身处地地、严肃地来看待这一问题，考虑假定他处在黑人地位会真的怎么去做。"约翰逊回忆说，"我觉得请罗斯福总统的夫人埃莉诺来写这篇文章是再合适不过了，于是我坐下来给她写了一封信。

"罗斯福夫人给我写了回信，说她太忙，没有时间写文章。但她没有说她不愿意写。

"因此，一个月之后，我又给她写了一封信。她说她仍然很忙。又过了一个月，我给她写了第三封信，她回信说连一分钟空闲也抽不出来。"

由于罗斯福夫人每次都说她的问题是没有时间，约翰逊没有打退堂鼓。"她并不是说她不愿意写，所以我推想，如果我继续请求她，也许，有一天她会有时间的。

"终于，我在报上看到她要在芝加哥发表演讲的消息，决定再试一次，便给她发了一个电报，询问她是否愿意趁她在芝加哥的时候为《黑人文摘》写那篇文章。

"她收到我的电报时，正好有点空余时间，于是便坐下来，把她的感想写了出来。

"文章一出，消息不胫而走，很快传遍全国各地，大家争相购买阅读。直接的结果是：我的杂志的发行量在一个月之间由 5 万份增加到 15 万份。这确实是我事业上的一个转折点。"

约翰逊不赞成速决的办法。"成功总需要尝试和努力，有时要经过多次失败。人们来到这里，看到我这里壮观的场面，都会说，'嘿，你真走运!'我总提醒他们说，我经过了 30 年漫长而艰苦的工作才到达今天的地步。我是在那家保险公司的一间小房子里开始起步的，后来又搬进了一个像储煤仓一样的小屋内。我干了一件事接一件事，最后才到了现在的地步，可不是一开始就是这样。我认为，一个人应当像长跑运动员那样，坚持前进，千万不能半途而废。"

视失败为朋友，而不是后退的信号

著名记者伍德沃德的一句话似乎概括了他对事业的态度——"你必须确定自己的方向，并且坚持到底。"

我们小时候，几乎没有谁听说过：失败是向成功跨近的一步。做父母的也没有多少人懂得：错误是取得成功的组成部分；挫折是成功的不可缺少的内容。

失败者一旦犯错误，便悲天悯人、呻吟叹息，甚至捶胸顿足，大骂自己"愚蠢"、"笨蛋"，觉得自己一钱不值，一无是处，陷入悲观绝望而不能自拔，用一些毁灭性的问题责备自己："为什么我不更小心一些？为什么我那么容易上当受骗？为什么我要犯那么多错误？"

为什么……？ 为什么……？

失败者一生中不断地重复这种自责的无聊话，无情地责骂自己，就像过分严厉的父母斥责孤独无助的孩子。其结果是：每自责一次，自尊心便受到一次伤害，自信心便萎缩、消失一分。

这样便造成了一种恶性循环。失败者越是自责，就越感到自己无能；越感到自己无能，失误就越多；失误越多，又越觉得自己没用；越觉得自己没用，又越要责骂自己。如此循环反复。这种恶性循环一旦形成，对犯错误的担忧恐惧便会造成过多的忧虑，使失败者陷入一种保护性的呆滞状态，被旁人看成是"懒惰"或"消极"。

失败者前功尽弃、心灰意懒之后，也大大解除了再犯错误的担忧与恐惧，会立即感到轻松和解脱，如释重负。再不用费力尝试，再不犯错误，再没有失败了。但不幸的是，也再没有成功的机会了。

如果你诚心要打破一个旧习惯，你就必须懂得失败了还可以重新开始的道理。担心忧虑阻挡不了你，能阻挡你的只有你自己。

在大多数生活环境中，我们通常都会遇到困难。用什么方法去对付这些情况，有可能减少取得成功的可能性，也有可能会增强我们取得成功的本领。

你要时刻记住这句话："不，并没有彻底完蛋!"只要你的生命还在继续，就绝不会彻底完蛋。成功者都会犯错误，他们节食时也参加饮宴，但他们知道那并不是彻底完蛋。失误和出错是改变中的一个正常部分。成功者视失败为朋友。失败能提供宝贵的信息，告诉你下一次不要这样做；失败是有益的向导，而不是退却的信号。

 ## 黄金拱门的秘密

有一天下午，我和妻子应邀到雷·克洛克家中做客，克洛克先生是世界著名的麦当劳汉堡连锁店的创办人。虽然我们只聊了大约 30 分钟，但我对这位麦当劳的老板已有深刻的认识。他的两个座右铭包含了所有的书籍所能涵盖的教训。

第一个座右铭，也是我的祖母经常说的一句话："只要你还很嫩绿，你就会继续成长；一等到你成熟了，你就开始腐烂。"

克洛克先生的第二个座右铭，是我最喜欢的一个。

"坚持到底：在这个世界上，没有事物能够取代毅力。能力无法取代毅力，这个世界上最常见的莫过于有能力的失败者；天才也无法取代毅力，失败的天才更是司空见惯；教育也无法取代毅力，这个世界充满具有高深学识的被淘汰者。光是毅力加上决心，就能无往而不利。"

由这个座右铭就可明白，我为什么如此重视毅力，并把它列成塑造个性的最佳秘诀。每个人都希望成功，但却只有少数人愿意努力、付出代价以及从事应该做的工作。在我所主持的讨论会中，我送给每位参加者我写的一首诗。我想，你也一定会很快就欣赏这首诗：

有志者，事竟成

即使你只是个生手，你也能成为一名完全的胜利者，有志者，事竟成——只要你认为办得到，你就会成功。

你可以为自己戴上黄金勋章，你可以骑着黑色骏马，有志者，事竟成——只要你认为办得到，你就会成功。

使你获胜的，并不是你的才能，也不是你的天赋，

也不是你的皮肤颜色，更不是可以决定你的存折；

而是你的生活态度，

你可以打败李思洛或奥斯丁，在波士顿获得马拉松冠军。

你可以从通货膨胀中获利，你也可以改变这个国家的方向；

有志者，事竟成——只要你认为办得到，你就会成功。

你以前是否曾经获胜，并不重要，

你上半场的成绩如何，也没关系；

所以，你要继续努力，你将发现自己已经获胜。

抓住你的梦想，然后相信它，

踏踏实实地工作，你将会实现梦想。

有志者，事竟成——只要你认为办得到，你就会成功。

信任上帝——你已经成功了一半。

信任你自己——你已经成功了四分之三。

 ## 永远不会太迟

雷·克洛克——麦当劳老板——就是个典型。他永远也不会放弃他的梦想。事实上，他一直到52岁时才走上成功的正途。20年代初期开始出售纸杯，并且兼弹奏钢琴，担负起养家的责任。他一共在莉莉·杜利普公司服务了17年之久，并成为该公司最好的推销员之一。但他放弃了这个安定的工作，独自经营

起牛奶雪泡机器的事业。他十分着迷于一种能够同时混合 6 种牛奶雪泡的机器。

后来，他听说麦当劳兄弟利用他的 8 架机器同时推出了 40 种牛奶雪泡，于是亲自前往圣伯纳迪诺调查。他发现麦当劳兄弟有一条很好的装配线，它能够生产出一系列的高品质的汉堡、炸薯条以及牛奶雪泡，他认为，像这样好的设备只局限在一个小地方，未免太可惜了。

他问麦当劳兄弟："你们为什么不在其他地方也开一些像这样的餐厅？"

他们表示反对，他们说："这太麻烦了，并且我们不知道要找什么人一起合作开设这种餐厅。"雷·克洛克脑海中却正好有这样的一个人。这个人就是雷·克洛克本人。

我想，在麦当劳历史中，最重要的发展靠的就是雷·克洛克，他虽然只是一个推销员，而且一直到他 52 岁的时候才展开自己的事业，但他却能在 22 年内把麦当劳扩展成为 10 亿美元的庞大事业，就是一个奇迹。IBM 一共花了 46 年才达到 10 亿美元的收益，全录公司花了 63 年的光阴才创造了他们的辉煌。

毅力并不是意味着一定要永远地坚持做同一件事。它的真正意思是说，对你目前正从事的工作，要投下全部心力，一心一意地工作。它的意思是说，先从事艰苦的工作，然后再要求满足报酬。它的意思是说，不但要对工作感到满意，而且还要渴求获得更多的知识与进步。它的意思是说，多拜访几个人，多走几里路，多除一些杂草，每天早晨起早一点，随时研究如何改进你目前正在从事的工作。毅力就是经由尝试和错误而获得成功。

令人感到兴奋的是，大多数人的生命活力都是随着年龄的增长而不断增强的，对年轻人而言，这表示他们有充分的时间来吸收知识及发展个人的才能。但对我们这些年龄较大的人来说，仍然表示我们尚有希望。既然一位纸杯推销员及钢琴演奏家能够建立起全世界规模最大的餐厅连锁店，既然在我的下一个故事中的一位田纳西的小女孩能拿掉脚上的矫正器，最后夺得奥运会金牌，成为世界上跑得最快的女人，那么，你当然也可以使你的梦想实现。其中的秘诀就是：毅力。坚持到底，绝对不要放弃你的梦想。

威尔玛——不仅是残障者的英雄

威尔玛愿意从事大多数人不愿意从事的工作。她在 6 岁时第一个明确的念头就是"我要离开这个小镇，在世界上出人头地"。不错，她在很小的时候就有了出外旅行的经验。离她的家乡南方 45 里处的纳斯维尔医院——已经成了她的第二个家。

威尔玛是早产儿，曾经患过两次肺炎和一次猩红热，因此，她的一生开头并不顺利。另外，由于患了小儿麻痹症，她的左腿严重变形，腿部内弯。她必须套上腿部矫正器才能行走，因此显得很累赘，她在赶往餐桌的赛跑中，常落在她的兄弟姐妹后面。

她时常要搭乘巴士前往纳斯维尔医院，共持续了 6 年之久。在搭车途中，她总是幻想自己住在山上那些宽大、白色的别墅中。到了医院后，她就会向医生提出问题，有时候会问上三四遍："我什么时候可以取下矫正器，像常人一样地走路?"医生不愿给她假的希望，时常总是很认真谨慎地回答说："看情形再说吧!"

搭车回家的途中，她则幻想自己是个幸福的母亲，儿女成群，生活愉快幸福。她会把梦想告诉母亲：她要对这个社会做出重大的贡献，并将出外游历世界各地。她那位温和又体贴的母亲，很耐心地听完她的话，然后以这些令她难以忘怀的话安慰道："亲爱的，生命中最重要的事就是你要有信心，而且愿意努力奋斗。"

威尔玛 11 岁时，开始相信总有一天能够拿掉腿上的矫正器。可医生并没有充分的信心，还是建议威尔玛的腿部应该稍加练习。威尔玛则认为，多做训练要比稍加练习好得多。威尔玛一家有着强烈的基督教信念，因此，诚实不欺一直是威尔玛奉行的美德。不过，她承认说，在这件事情上，她是"稍微夸张了一点事实"。

在她去往医院的旅途中，她的父母有时候会带一个小孩同行。因此，医生就能教导家中的每一个孩子如何协助威尔玛做腿部运动。但是，威尔玛对于如何按摩自己的腿部，却与医生的看法不同。当她的父母有事外出时，她的某位兄弟姐妹就会站在门口充当"守望员"，然后，她把腿上的矫正器拿掉，每天绕着屋子走上好几个小时。如果有人进来，担任守望的那个人就会协助她躺回床上，替她按摩腿部，以免别人怀疑她为什么拿掉矫正器。这种情况持续了大约一年之久，虽然，她的信心已经大为增加，但她内心的罪恶感也同样增加，令她痛苦万分。她不知道如何启齿把这种未经同意、私自进行的自我复健工作告诉母亲。

某一次前往纳斯维尔之后，威尔玛认为，"审判日"已经来临。她告诉医生说："我要告诉你一个秘密。"她拿下矫正器，向医生所坐的办公桌走过去。她可以感觉到母亲正在她背后，瞪大了眼睛看着她，她也知道，使她获得这项奇迹的行为，完全违背了父亲的教训。

"你这样做已经多久了？"医生这样问道，同时极力控制自己的惊讶。

"过去一年来，我一直这样做，"她说这些话的时候，眼睛不敢直视母亲，"我……有时候……把矫正器拿掉，在屋里走几圈。"

"好吧，既然你已经很诚实地和我分享了这个秘密，"医生回答说，"有时候，我会准许你把它们拿掉，在屋里走走。""有时候"就是她所需要的唯一答复。她再也不想把它们套回自己的腿上去了。

你必须展开行动

威尔玛到了 12 岁之后，发现女孩子也能像男孩子那样又跑又跳又玩。她过去一直待在家里，朋友必须来拜访她。她的姐姐伊芙妮比她大两岁，正要参加女子篮球队。威尔玛决定也要参加，她想，能和姐姐伊芙妮在同一队中打球，一定十分有趣。但是，她却很伤心地发现：在全部 30 名应征的女孩子当中，她甚至连候补队员都没当上。她伤心地跑回来，并下定决心一定要让她们知道，她也是相当不错的。哦，她多么希望能够让那些孩子——她们从未和她玩过的——知道，她是相当不错的。

她回到家时，发现教练的车子就停在门口。"哦，不。"她想，"他甚至不让我把我落选的消息告诉我父母。"她跑到后门，悄悄走进屋里。她紧靠着厨房门，听到了客厅内的谈话声。

教练解释说："她姐姐练完球后，回到家里是几点，她们必须出去比赛几场，谁来担任她的监护人呢？"所有做父母的都应该知道这一切细节。她的父母一向不喜欢多说话，但是，当教练一开口，他们立刻就会知道，他所说的就是法律。"要我允许伊芙妮参加你的球队，只有一个条件。"她的父亲说。"尽管提出来吧！"教练向她父亲说。"我的女儿出外旅行时，一向都是两个人结伴同行。"她的父亲缓缓地说道，"如果你希望伊芙妮参加你的球队，你必须让威尔玛当她的球伴和监护人。"这并不是威尔玛脑中所想的，但对于她来说这至少是一个起点，而且是好的开始。

威尔玛很快就发现，被父亲送入球队和被教练选入球队，是完全不同的两回事。她可以感觉出另外 12 个女孩的愤愤不平；但当她看到篮球队的队服时，她立刻欣喜若狂。那全是新的，十分漂亮，是黑色镶金边的绸质队服。当你参加少女棒球、女童军队或女篮队时，你所拿到的第一件队服，具有特殊的意义；因为它能创造出一种特别的认同感。你穿上队服后，就有一种归属感。但是，当分发到威尔玛时，新队服已经没有了，于是她们拿了一件去年的队服给她。"我们陪你一起上那 10 分钟的指导，然后协助你练习教练要你做的动作。"她们自告奋勇地说。

第二天起，她们真的这样做。威尔玛最好的一位女朋友也加入练习，使她们能够双双练习。每天都是这样，先听课，然后练习，听课，练习——学习篮球技巧。

第二年，威尔玛和她的女朋友都被选入篮球队，但她们都很担心，因为平常只在球场上练习，不知道是否能够应付真正的比赛。这两个分不开的好朋友在讨论了共同的梦想与恐惧之后，终于获得这样的结论：她们唯一能做的就是尽力而为。她们认为，如果尽力还不能令人满意，或是无法应付真正的比赛，那么，她们也会很感激有这样的机会，即使退出篮球队，也不会觉得遗憾，因为她们已经获得了宝贵的生活经验。在开始新赛季的每一天早晨，她们都很兴奋地看着报纸，看报纸上报道的有关她们在前一天晚上的表现。后来，报纸上几乎天天报道，威尔玛的朋友表现最好，威尔玛则是第二。

永远追求金牌

在那一年中，威尔玛每天奔波于球场之间，和她的女朋友进行友谊性的比赛，希望争取到第一名。在这段时间内，却另外有一个人正在密切注意她。她并不认识她的每一场高中比赛的裁判，这位裁判正是大名鼎鼎的艾迪·天浦(Ed Temple)，他是极负盛名的田纳西州立大学田径队的教练，且闻名国际。天浦向篮球队征求自愿人员，看看哪个人有兴趣参加他的女子田径队。威尔玛的想法非常简单："篮球季节已经过去，今后再也没有比赛或练习了……也就是说，在家里闲着的时间增多了。我何不自愿参加田径队呢？"

威尔玛第一次参加赛跑，就发现她能打败朋友，然后她打败了她学校所有的女生。接着，又打败了田纳西州所有高中女生。她和那位朋友，决定以另一种方式解决两人长期以来的竞争。她是田径场上的冠军，她的朋友则是篮球场上的第一名。

威尔玛在 14 岁时，以高中生的身份加入田径队，并在放学后及周末前往田纳西州立大学接受严格的训练。在大学校园里，她遇见了一位可爱的年轻女郎，名叫玛伊·法格丝，她在过去曾经入选过两次美国的奥林匹克队伍。玛伊成了分享威尔玛梦想的唯一密友。同时也分担了威尔玛早年的挫折：她带上矫正器的痛苦，以及她当时的孤独无助。鼓励、培养及训练持续不断地进行，而威尔玛也不断地获得胜利。到第一年夏天结束时，她已经在费城举行的美国业余运动员全国大赛中，赢得初级组 75 米及 100 米赛跑冠军，以及 400 米接力赛冠军。

几乎过了两年后，某一天，玛伊·法格丝找到她，并对她说："你愿意为美国去奥运会上争得荣誉吗？"她的回答体现着年轻人的激情浪漫，而且也反映出她小时候搭乘巴士往返于纳斯维尔途中的幻想："我们是不是要出门旅行？"

首先，她们必须在华盛顿的美国大学奥运选拔赛中取得资格。在 200 米资格赛中，威尔玛一开始就领先大家。她发现自己跑在大家前面，而且领先玛伊，于是她回过头来看看好朋友在哪儿。这时玛伊从她身边飞奔而过，得了第一，她列为第二。"我对你感到很失望，"比赛结束后，玛伊如此斥责她，"光是取得资格是不够的；你必须永远想着得到金牌。"

在 1956 年澳洲墨尔本举行的奥运会中，威尔玛在 200 米半决赛中遭到淘汰，但由于美国队在女子 400 米接力赛中获得第三名，因此威尔玛也以队员的身份得到了一块铜牌。

停留在澳洲的其余时间内，她一方面觉得高兴，一方面却又觉得伤心。她对自己说，这种差劲的表现，绝对不可以再发生；下一次，要表现得更好。当时她只有 16 岁，还在高中就读，但她已下定决心要在 1960 年获得胜利。

回到家里，她立刻成了名人，她本来大可耀武扬威一番，但她忍住了这种诱惑。她本来可以对邻居的小孩子不屑一顾，因为她小时候脚上套着矫正器时，这些孩子都曾经欺负过她。但她不但未对他们报复，反而让他们欣赏她的铜牌，也与他们谈到她赢得这块奖牌时的兴奋心情。以前欺侮过她的人，现在都成了她的朋友，因为他们现在都分享了威尔玛世界性的荣誉，特别是在像田纳西州克拉克斯维这样的小镇里，像威尔玛这种世界性的荣誉更是千载难逢。

谈到奉献与坚忍不拔时，我们总是记住一些成就与表面上的荣誉，忘却在成为一个"世界级"人物过程中所可能遭遇的痛苦。最重要的是，我们必须记住，当时并没有提供给女子的体育奖学金，威尔玛自费进入田纳西州立大学就读。同时，每天都要接受田径训练。更困难的是，学校还规定每个女学生至少要每学期修习 18 个学分，每科成绩至少要"B"，才能继续参加田径队。

为了使自己永远保持"胜利者"的领先优势，她又恢复了额外的自己练习的计划，很像她小时候拿掉矫正器走路的情形。当她发觉自己的工作及课业负担太重，而在田径场上落后于其他女队员时，就开始在晚上从宿舍的消防楼梯溜下去，到田径场上跑步，从晚上 8 点跑到 10 点。然后，她再从消防楼梯爬回宿舍，上床，赶上"熄灯"及"点名"。每天早晨太阳出来之后，又恢复了一天艰苦的训练活动。每天早晨，她要在 6 点和 10 点各跑一次，下午在 3 点时再跑一次。周复一周，年复一年，她一直坚持着这种同样单调、严格的训练活动。这种情形共持续了 1200 个日子。

 ## 不可思议的传奇

威尔玛在 1960 年夏天出现在罗马的体育场时，她已经准备好了。将近 8 万名的运动迷开始疯狂地欢呼，他们已经感觉到，她将是那种紧紧抓住观众之心的奥运特别选手，将会留名青史（就如同她前面的杰西·欧文斯和巴比·迪理克森，以及在她之前的欧回·科巴特和布鲁斯·詹勒）。在她开始为第一项比赛做热身运动时，看台上开始响起了观众排山倒海般的欢呼声："威尔玛，威尔玛，威尔玛。"在威尔玛的脑海中，或是在观众的脑海中，从来没有人怀疑过，当颁奖典礼举行时，谁将站在领奖台的最上面。

她惊人的表现，使她轻易夺得3枚金牌：100米、200米，以及参加美国女子田径队夺得400米接力冠军。3枚金牌——她是历史上在田径场上个人获得3枚金牌的第一位女子。而且在这3项比赛中的每一项，都创下了世界纪录。

她曾经是一个跛脚的小女孩，坐着巴士前往纳斯维尔接受治疗，邻居的孩子都不愿意接近她，但她受到父母、家人以及少数几位忠实朋友的支持。现在，她是威尔玛·鲁道夫，一个活生生的传奇人物。

自从罗马运动场的出色表现之后，她的努力与自制获得了很大的奖励。各大报纸竞相登载她的消息，肯尼迪总统亲自在白宫接见她，她获得了"年度最佳女性运动员"的嘉奖，另外还得到了很重要的"苏利文奖"——这个奖是颁给最佳的业余运动员的（威尔玛是历史上得到这个奖的第三位女性）。接着，一家出版社出了一本叙述她生平故事的书，电视台根据它改编成一部电视剧，片名就叫《威尔玛》，由西斯里·泰森和秀莉·芬妮主演。在这一切充满荣耀的时光内，威尔玛很坦白地回答："当你跑步时，你的整个人全部投注进去；你总是想要去征服某项挑战。你一定会成功。"我猜想，这就是所谓的成功原因：愿意继续努力工作及奋发，希望每天改善你的表现。

胜利不代表一切，求胜的意志才代表一切

我第一次见到威尔玛·鲁道夫是在华盛顿州的奥林匹亚体育馆，那是由当地教会主办的一次精神鼓舞的群众大会。威尔玛、丹尼斯·韦特莱和我，都是大会上的演讲人，宽敞的体育馆里坐满了人，估计有好几千名的孩子和大人。威尔玛在叙述她自己的故事时，毫不扭捏作态，也不像一般的演讲人那样先行客套一番。群众全神贯注地聆听，因为她所说的故事是千真万确的。她对获奖时的

欣喜并不特别强调，而以更多的时间谈她的家人、好朋友、问题、祈祷、失望以及奋斗。

当她的演说接近结束时，我向丹尼斯·韦特莱靠过来，低声说："她真是了不起，不是吗？"他点点头，表示同意，这时威尔玛说出了她的结束语："也许这个世界上真的有所谓的世界级运动员，以及超级巨星，但这并不是说他们就是世界级的大人物，可以遗世独立。我在成长过程中，也曾遭遇许多与你们完全相同的问题，我希望自己的故事，能在某些方面协助一个人产生信心，相信他（她）必然能够改变、进步及成长。"

在今天，你将会发现，威尔玛正在一个重要的大会上发表一项重要的演说，或是协助训练一些未来的奥运明星。她最喜欢的工作就是，通过设在印第安纳波里斯的威尔玛·鲁道夫基金会，举办训练班、研习会，以及提供经济援助，帮助一些先天残障的人"后来居上"。

威尔玛·鲁道夫终于战胜不可能的困境，而成为胜利者。她从来不允许自己被打败。她下定决心要获得胜利，结果真的成功了。一个人想获得胜利，除了要有充分的才能、最佳的设备或是最充分的资金之外，还要有更多的配合条件。

文斯·隆巴里（Vince Lombardi）也是位传奇人物，他是"绿湾挑夫"球队的教练，他被人冠上一个"以威胁求胜"的绰号（我认为，这个绰号是错误的）。在许多鼓舞人们奋斗的影片中，他那个不朽的口号，一再被提出来："胜利并不代表一切；但却是我们唯一的目标。"

我无法确定隆巴里是否真的这样说，就算他真的说出这些话，我也不能肯定人们是否对他的话做了最正确的解释。我有位朋友是威斯康星州人，他曾经多次听过文斯的演讲，并且他本人也是"挑夫队"最忠实的球迷，他拿了文斯的一些演讲稿给我看。现在，且让我们看看"挑夫队"这支永远不败的球队的教练是怎么说的：

"胜利并不代表一切……但是，想要求胜的意志则代表了一切。"

这种说法和我们前面所听到的，显然大不相同。也许在隆巴里众多的演讲稿中，这句话才真正地被人引用最多，也是最受欢迎的，而且也是各行各业中许多领袖人物最欣赏的。

培养毅力的 10 个步骤

毅力就是对信心的一种考验，就是一切事情对你不利，但你又知道自己是正确的时候，仍坚持到底。毅力是一种品质，这种品质正是缔造并维系成功的基础。没有毅力，生命就是一段残缺的历程，不会有替你完成伟大事业的人，因为这种成就只属于你自己，除非你自己甘愿放弃。只有一个人真正掌握控制着你生涯中的进展，那个人就是你自己。对那些拒绝停止战斗的人来说，他们永远都有胜利的可能。全美橄榄球联盟的边线裁判员布里·霍洛韦回忆说，当他在参加新英格兰爱国者队对抗洛杉矶奇袭者队的比赛中，他没有一天不想着放弃不干了的，因为这条路实在太艰苦，牺牲又太大了。不过他愿意付出代价，因为他决心要获得成功。高尚坚毅的人决不轻言放弃，困难只会刺激他们，增强他们成功的决心。培养这种高尚的品格吧，会让你达到一生中最伟大的成就。

1. 要紧的工作先去进行。大多数的人之所以把他们的时间花在一些并不紧急的"忙碌工作"上，主要是因为这些工作比较容易，而且不需要特别的知识、技术，也不必和其他人协调。把你手中的工作按照性质，分成下列 3 种处理顺序：现在必须立刻去做、待会再做、有时间的话再做。每天订出这些顺序来，每天早晨你展开一天的工作之前就要订出这些工作顺序——最好是在前一天晚上就寝之前就这样做。

2. 把你的时间和精力集中在过去已被证实为对你最有生产力的 20% 的活动、接触与概念上。记住 19 世纪一位意大利经济学家帕瑞多的"二八法则"：80% 的生产量，通常来自 20% 生产者，以及 80% 的生产线。这就是说，你必须把你的影响力集中在最有生产力的人与观念上。

3. 每当你放弃目前的工作，而在生活上有所改变时，一定要在心理上有所准备：生产力及效率一定会暂时性地降低下来。如果你在事业或生活方式上有了改变，却未立即产生效果，不要担心。变化之后，需要经过一段时间才能产生效果。等到熟悉以及重新建立起信心之后，生产力就会再度增加。不要急，先冷静一下再说。

4. 如果你第一次失败了，再尝试一遍。如果你第二次又告失败，多研究失败的原因。如果你第三次又失败了，那么，你目前的眼光可能太高了。把你的目标稍微降低一点点。

5. 试着经常和具有相同的目标的人交往。大多数的人都是因为遭遇相同的问题，而组成一个团体，像是太胖了、酗酒、抽烟太多等等。但我并不是指这个。我所指的是有相同价值观、梦想的人所组成的团体，不是因为相同遭遇，以及相同不良习惯而组成的团体。每个月聚会一次，可以使大家获得一些真正有效的行动和念头。有了团体的支持，也能协助我们培养出坚强的毅力。

6. 如果你碰到某个问题无法解决，因而陷于僵局，不妨改变一下气氛。你可以试着放松一下心情，到海边或乡下玩一天。记住，当你左脑的逻辑能力消退时，右脑解决问题的能力总是随时等着为你服务。这并不是避免或退缩。只是观赏风景，恢复一下你的精力。

7. 随时预防意外之事发生。

8. 你在获得某一行业或学术方面的一般知识之后，集中把你的注意力放在其中的某一部分，以便精通这部分。先要专精某件事，才能再向多方面发展。把一件事情做好，做到精通为止，这样做能给你带来信心，树立良好声誉。杰克·尼可劳斯 (Jack Nickluau) 已经是高尔夫的高手。所以，他现在可以从事他一直想做的运动——设计高尔夫球的比赛路线。

9. 当你处理问题时，要诚实并善于推理。一般来说，问题只有两种形式：容易解决的（事实上，这也是一般人希望处理的唯一问题），以及那些非常情况下的"紧急问题"。想要判断问题的种类，有个好办法，就是问问你自己："我是否把时间花在对我及家人都很重要的问题上，或是我总是被迫去处理一些必须处理的紧急问题?"

10. 你的工作要超过人们的要求，你的贡献也要超出你的本职工作。多努力一点。记住，胜利者能从雷雨中看到彩虹——他们只要看到溜冰的乐趣，就不会为结冰的街道烦恼。记住下面这个故事，并加以学习：有一个孩子用他的零用钱买了一双新的溜冰鞋，到结冰的湖面上溜冰。他一次又一次滑倒，他的母亲每一次都跑上来要扶他起来，他拒绝了并对母亲说："妈，我买它并不是为

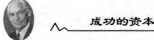

放弃溜冰的，而是用来学习溜冰的。"

 ## 给自己补上一堂新课

现在，你给自己补上一堂新课。你可以高声朗读下面一段话，并把它融入你自己的成功哲学之中：

儿童必须及早学会懂得失败是生活的组成部分这个道理。倘若引导孩子不这样认识问题，便是否认现实，便是让他在一种虚假的、破坏性的优越的氛围中长大成人。

认为自己的孩子完美无缺而加以溺爱是毫不足取的；因他的失败而去爱护他才是真正地爱他。正是后一种爱，才能造就出未来的男子汉——任何失败都不能打垮的男子汉。

当我们学习一种新的技能、从事一种新的工作或建立一种新的关系时，如果有人认为自己永远不会出错，那是极不切合实际的。我们有时肯定是会失败的，因为失败是探索过程的一个重要组成部分。

要成为成功者，重要的是要学会在困难时刻能够坚持不懈、锲而不舍。在意外紧急情况或困难出现之时，必须专心致志、毫不动摇，才能渡过难关，把握成功的机会。只要积极想办法，就一定能找到摆脱困境、解决问题的出路。威廉·费瑟的一句话真是泄露了成功的天机，那就是，成功在很大程度上就是要在别人放弃之后仍能坚持不懈地进行下去。

每天人们都被迫要同紧急出现的危机进行斗争。要经受经济上或感情上的波折。我们常常听到有关事业失败、生命夭折、发生悲惨事故或由于判断失误所造成的无法挽回的损失。

不论环境多么残酷，成功者都能通过尝试、失败、再尝试的努力，培养自己的个性，经受别人难以承受的困难和境遇，使自己生存下来。

如果你希望培养自己战胜危机的能力和克服困难的能力，你可以将下列取得成功的技能运用到你的生活中去：

越是艰难时刻，越应努力奋斗

过早地放弃只会增加问题的难度。在严重的挫折面前，要坚持进行下去，并做出加倍的努力。要下决心挺住，以更加坚强的毅力坚持到最后胜利。

采取现实主义态度

要对面临的困难与危机做出实事求是的估计，不要低估问题的严重程度。如果否认形势的严重性，就会缺乏思想准备，不利于付出进一步的努力来改变局面。

不要畏缩不前

要拿出全部力量，不要担心会耗尽精力。成功者一开始就全力以赴，而且赶干越有劲，他们不怕疲劳，忘我努力。

坚持自己的信念

一旦下定决心，就要勇往直前，既要理智，也要坚守自己的信念。要顶住来自家人或朋友方面的压力，站稳脚跟，毫不动摇。在任何情况下，都要相信自己的判断和自己的智慧。

正确对待挫折

发生意外、陷入危机之时感到恼怒乃是人之常情。重要的是，一方面要找出出现问题或挫折时自己应负的责任，同时也不要因需要花费更多的精力去解决出现的困难而过分责难自己。

一步一步地去做

出现重大危机，比如亲人故去，会使人产生重大感情波动。在这种情况下，对自己所进行的事不要急于求成，要满足于自己取得的每一个进步，直至自己的感情完全稳定之后再全力以赴地去做。不要把自己想象为超人，不要希冀一蹴而就，一下子把所有问题全部解决。每次只选择一件把它做好。每完成一件小事都会增加你的力量，增强你的信心。

争取别人的帮助

失败者无论身处逆境还是顺境，都在不断发牢骚，习惯于采取消极态度。因此，当危机真的出现，别人也不会相信或伸出援手。他们的情况就像老喊"狼来了"的那个孩子一样。如果你是一个持积极态度的人，平时生活处理得很好，在困难时候，你把自己的痛苦和忧虑告诉别人，别人就一定会来安慰你、帮助你。你理应求得这种帮助，不必为此感到有什么愧疚。

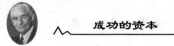

坚持试验

摆脱危机和困境的出路可能不易找到。然而，如果你能不屈不挠地探索，在成功希望甚微的情况下也坚持试验，就一定会想出办法来。

化不利条件为有利因素

要保持清醒头脑，注意发现存在于危机与困境之中的机会。眼光不要盯住灾难不放，要寻求希望和积极的出路。即使身陷混乱与灾难之中，也会产生新的想法，出现"柳暗花明又一村"的局面。只要勇于尝试，就会有所收获。

记住在你开始尝试新事物时，一定要坚持到底；要记住下面这个争取成功的公式：

失败……再尝试。

失败……坚持下去，不要责骂自己。

失败……不断努力，直至成功。

> 这个世界上，没有任何事物能够取代毅力。能力无法取代毅力，这个世界上最常见的莫过于有能力的失败者；天才也无法取代毅力，失败的天才更是司空见惯；教育也无法取代毅力，这个世界充满具有高深学识的被淘汰者。毅力加上决心，就能无往不胜。

第十一章

主宰自己的命运

> 一个人想要成功，必须运用那些一直是成功的先决条件的美德——努力工作、才智过人，以及坚定不移的毅力。
>
> 你要记住：你不是生活的替补，你一直是自己命运的主宰者，一直是人生赛场的首发队员，你是一个有价值的人，你也是一个成功的人。

在本书一开始，我们谈到进入你脑海中的戏院，创造某种形象，这些形象在你的努力与智慧下，将改善你对你自己四周的观念。

你能够改变自己——但你必须愿意努力去改变。

老罗斯福总统曾经写道："没有人曾经制订，而且将来也永远没有人能制订使人成功的法律，一个人要想成功，只要运用那些一直是成功先决条件的美

德——努力工作、才智过人，以及坚定不移的毅力。"

所以你要在心像的大世界中努力，在现实社会中改进你自己；同时创造一个属于你自己的美好新世纪。

现在请你再一次回到脑海中的戏剧，轻松下来，听我叙述一个奇妙的故事——关于你的故事。

 莫把自己设计成凡人

我第一次听到齐格拉的演讲是在 20 年前，他说了两个故事。第一个是关于跳蚤的故事；第二个则是关于大象的故事。

他说，如果你把跳蚤放在一个浅容器里，它们很快就会跳出来。然而，如果你用盖子把容器盖住一小段时间，起先它们会疯狂地乱跳，但是很快地它们就会放弃寻求自由。接着把盖子打开，它们不再不断地往外跳，而是继续留在容器里……而且它们不会再尝试离开容器。

大象的脑袋很大而且绝对比一只跳蚤或是老鼠还聪明。然而，马戏团训练幼象时，向来是把它们和一根稳稳地插在地上的杆子绑在一起。幼象很快就学会了：当它感觉到脖子上的绳索一拉时，它就无法再往前走一步。等到它长成大象之后，就可以把它绑在一根小杆子旁边。它其实能轻易地扯开地上的这根杆子，但是它不会去试，因为它已经被教导成去相信只要它的脖子上有绳索而且脖子被轻轻"一拉"时，它就必须停住。

虽然跳蚤和大象的情况很糟，我觉得可怜的它们还比不上几百万美国学童惨。自从 40 年代以来，我们的教育体系就把这个悲剧强加给我们。就像老鼠、跳蚤与大象一样，老师、教练、同学甚至是父母们向我们灌输，要我们相信自己只是个普通的、平凡的小孩。而身为一个普通的、平凡的小孩，我们开始相信我们只能达到普通的、平凡的成就。现在，虽然我们的计划全然无意要成为那些灌输给我们的想法的一部分，然而，那些灌输给我们的想法仍然具有强大的破坏力量。

当我们大多数人从高中毕业时，我们已经完全被洗脑成为平凡人了，我们几乎已经别无选择地相信，自己最好的表现就是在生活各方面都当个平凡人。

我们接受还过得去的婚姻与人际关系，而非努力让它们变得更好。我们只是应付工作上的职责，而非努力让自己名垂青史。我们不想冒险也不想把观念化为行动，因为我们真的相信，自己没办法克服高风险并且获得非凡的成就。

虽然我们被洗脑没有导致我们的"脑死亡"，但是却让数千万美国人尝到了苦果。许多人拿到的大学文凭往往不是他们真正喜欢的领域的，因为他们认为自己没有资格进入那个领域。还有很多人是在一个工作上终老一生，却完全不满意，并非因为他们想要那样的工作，而是他们相信以自己的能力、背景或是环境来说，那是他们能从事的最好的工作。研究调查显示，85%的在职劳动人口希望自己能够转换工作或是生涯，不过，就像跳蚤和大象一样，他们被过去的经验锁住而动弹不得。

斩断这道破坏性的枷锁

我希望你能开始明白，这道被洗脑当个凡人的枷锁是多么具有毁灭性。它持续地把你绑在发射台上，永远没有升空的希望，也无法实现你的梦想。

现在，趁你还没有过度沮丧之前，我要告诉你，我认识的每个人都被同样的一道枷锁绑过，至少有一段时间是这样！李·艾科卡、麦可·兰登、史蒂芬·史考特以前都被洗脑要当个凡人。你明白，在高中时代，我们都被老师、父母、教练、同学，更糟的是还有我们自己，只用三个标准——成绩、人缘、体育表现——来衡量我们自己。如果我们不是拿全A毕业，如果我们不在"人群中"拔尖，并且，如果我们不是明星运动员，我们就以为自己是普通的或是平凡的，要不然就是比普通或是平凡的好一点或是差一点。抱着这样的想法，我们持续地接受对我们的那种评价。我们甚至不去"尝试"超凡的成就。我们设定低的目标，因为我们相信我们能够达到的就是那种程度了。

结果，我们将自己的命运交到他人手中，不管那个人是我们的老板、债权人还是配偶。我们认为劳斯莱斯名车以及豪宅是留给别人的。我们认为美满的婚姻是留给那些嫁给天才或是娶到美人的男男女女，而不是给我们这些泛泛之辈的。我们认为医学院、法学院或是工学院是给那些拥有高智商的人念的，而不是给我们或是我们的小孩念的。我们认为大公司是由那些杰出的企业家所建立的，他们有良好的家世、环境以及运气，而我们绝不可能白手起家，建立一个资产亿万的企业。

我亲爱的朋友们，这些都是谎言，一个又一个的谎言。然而我们相信这些谎言已经很久了，我们还让自己被它们所操纵。即使是运动员、医学研究人员以及科学家们，他们的表现也严重受限于过去负面的或是错误的思考。科学家告诉赛跑者，人类在体能上是不可能在 4 分钟内跑完 1 英里的。结果，多年来，赛跑者的记录都是 4 分钟跑完全程而无法更快了。毕竟这是体能上的极限。自从罗格·班尼斯特 (Roger Bannister) 以低于 4 分钟的记录跑完 1 英里的消息传开后，全世界的赛跑者都开始这么做了。他们是不是找到某种魔药或是类固醇而让他们拥有超人般的速度呢？还是他们的身体被重新打造成可以克服那种"不可能的"障碍呢？一点都不是。他们只是把他们过去被灌输的想法洗掉而已。他们只是把那些限制他们整个体育生涯表现的心理思维丢掉而已。

如我先前所述，我们所有人都被洗脑要当个凡人。不过就像罗格·班尼斯特、比尔·李尔、琼纳斯·沙克一样，我们学会了如何去斩断这道破坏性的凡人枷锁，并且在每一次它出现时就继续斩断它。

所以现在问题就变成，你如何能够斩断这道破坏性的枷锁，并且每当它出现在你生命中的时候能够继续斩断它？好消息是，这比你想的还要容易得多。你需要的就是有意识地觉察到那些你长久以来所隐瞒的事实，调整你的态度，并且每星期挪出几分钟时间去从事你觉得最有威力的一项活动。

你是为了非凡的成就而生的

斩断这道枷锁的第一步是觉醒。我谈的不是灵修，而是觉醒的态度。

首先，你必须觉醒的一个事实是，你也已经被洗脑要当个凡人了。当你想到超级成功——无论是事业、婚姻或是其他领域——你想到的是别人而不是自己，不是吗？了解到你已经被洗脑要当个凡人，就是我所谈的觉醒的第一步。

你必须觉醒的一个事实是，虽然你已经被洗脑要当个凡人，但是你是为了非凡的成就而被设计并且创造出来的。

下一步更加重要。你必须觉醒的另一个事实是，虽然你也许是个普通的、

平凡的人，但是你能够得到非凡的成就。事实上，神创造你不是要你当个平凡的人，而是要你创造非凡的、令人敬畏的成就——在你生命中的一切领域。你也许不相信这是事实，但它是千真万确的！让我解释一下我所谓的"非凡成就"的意思，然后向你证明你已经为它准备好了。

非凡成就的正确衡量：在你以往的经历中，所谓的非凡成就是以你在学校的成绩、以你在班上受欢迎的程度或是你的体育成绩为衡量标准的。而在今天，所谓的非凡成就则是以你的收入或是所拥有的物质条件为衡量标准的。虽然这些标准是一般的衡量指标，但它们是无法正确衡量出成就的高低或是程度的高低。

所以我们要如何正确地定义"非凡成就"呢？简单地说，能给我们或是他人带来益处或是满足感，即是非凡的成就。在两人关系里，若能真正符合彼此最深层的情感需求，就是达到了一种非凡的关系。父母在养育小孩子时，若能以无私的爱心对待他们，对他们的所作所为负责任，以身作则示范各种良好的特质，如忠诚、勇气、可靠以及信赖等等，就是非凡的父母。

这一切就是说，真正衡量你的成就的标准乃是，你能够带给他人和你自己多少的满足感。

让心灵鼓励你自己

现在我请你打开你自己的私人电视电路网——我称它为心灵影像，来看他们在各种不同情况下的心灵活动。各地的人们，当他们行驶于高速公路上，搭乘公共汽车、火车或飞机，甚至坐在教室里或参加会议时，对于周围的环境竟一点也不注意。相反，他们大部分的注意力全放在观看自我贬抑或自我欣赏的心灵影片上。

你对自己的看法是一种蒙太奇式的混合物——也就是你为自己拍摄的所有心灵的影片——这些影片反映出你如何做好家庭的一分子，你的下属及工作同仁对你的看法，你过去的种种成功及失败。你所表现出的形象，以及如果你采取某项行动，如在大家面前发表言论，处理一件新任务，或参加一个新团体时，又将会如何等等。

对自己持肯定态度的人通常有这些特征：他们尊敬别人也尊敬自己，他们

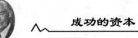

知道自己不错而且会更优秀，他们做事光明正大，而且将其所有的一切都给了家人、工作和社会。

对自己持肯定态度的人通常做事都会成功。他们努力朝着更美好的生活、更先进的科技、创造性的工作和帮助他人成功的目标前进。与那些对自己充满自信的人相处是很有意思的，假设他们是处于领导地位的话，他们可以过相当不错的生活，而且可以为他人树立良好的典范。

对自己有否定想法的人则深信自己是二流的，他们对自己通常是不太尊敬的，甚至瞧不起自己。他们不敢面对生活中的挑战，而且他们不敢帮助别人，因为他们认为自己的帮助对别人可能根本就派不上用场。

那些否定自己价值的人最终将失败，即使没失败，最多也是庸碌地度过一生。他们忍受着许多不满、挫折、痛苦及坏运气，并且认为其他人心中对他们也有同样的看法，甚至认为他们的世界就像一座监狱，他们只有在里面住到死为止，才能得到解脱。

你将受到众人的注目

你可曾念到《圣经》中的这句话："医生呀，治疗你自己吧。"只有你，才能真正改善你自己，你是自己的医生，所以你千万不要忘记你是这场戏的主角。你是制作人、导演、主角、道具师，将受到众人的注目。

对你来说，这是一种新角色，因为你一向把你的才能隐藏在恐惧的衣橱中，把智慧埋藏在羞愧当中。你很少想到自己，不管你走到哪儿，都带着一个冷漠的面具——如此才不会让人看出你的"恐惧感"。你总是幻想最坏的祸害正降临在你头上，你一直很谨慎，不敢在生活中冒险。你一直把你自己埋葬在坏习惯中，而且怨恨那些生活幸福的人。

但是现在的你已经改变了，你现在是自由的人，你是主宰自己命运的人。你已经可以用不同的角度来"看"你自己。你幻想中的影像已经变得更愉快，不时还发出耀眼的光辉。它们是实际的，你已经改变你脑海中对自己的心像，强调你的成功美德，你已逐步把这个新自我的影响力带入真实的生活。是的，你已经有所改变。

幕布已经拉起，你站在舞台上，是众人注目的焦点。以前你会被这种情形吓倒，吓得躲起来。现在你当然还是有点紧张，但已经接受这种情况，并且不会因此而责备自己。你并不因为别人注意你而限制自己的行动。你保持自己的本来面目，不会要求观众给你信心。你欣赏你自己，这就够了。

罗马大诗人何瑞思（Horace）写道："困苦的环境反而激发才能，在安定的环境中，反而进入冬眠。"

你一生中当然经历过悲惨的日子，但这些艰苦岁月反而有助于你的发展。例如你对别人表示同情，而且也了解问题的关键，这种同情别人的能力使你成为完整的人。如果生活把你宠坏了，一直很富有而且受到周全的照顾，那你可能因此丧失别人的认同感。

观众看到站在面前的，是一个不断成长的人，他正常的自我心像将使他能够享受生活的乐趣。

中国大哲学家孔子曾经说过："凡事预则立，不预则废。"意思是说所有的事情只要事先有准备就会成功，没有准备就会失败。

但是你自己并不担心是否失败，因为你的演出极为成功。你已经替你的思想做了万全的准备，足以应付所有的问题。你已经看出你的真相，这种真相使你成为生活中的主角，使你有勇气站到舞台上，表演你自己。因为这场戏并不是虚构的，你所扮演的角色正是你自己，何况还有很长一段路要走。你将从你的新角色中得到幸福，只要你愿意，还能获得金钱。你将与自己缔结长久的友谊，因为你是你自己的好朋友，而且还能把你的友谊与别人分享。

这场戏的剧本是最佳杰作——此外别无其他形容词。你从失败中爬升到成功的境界，这种英雄式的故事胜过任何最著名的剧本。

你不会绝对一帆风顺——没有任何人如此。即使最幸福的生活，也有一些失败，没有人是全能的，因为真实的生活并不是童话故事，成功也不是单行道。

你很了解这一点，这会帮你接受失败，但这种心理并不会破坏你的士气。失望也许会令你沮丧，但永远不会使你感到绝望，因为你有成功的资本——而且也有充分的智慧，知道应在何时使用。

这是一本创造性的剧本，你所创造的是世界上最宝贵的心境——成功。

你现在的生活主要是探索自我以及四周的世界。你的世界是个光明、幸福的地方：你喜欢你自己，而且拥有很多好朋友。你每天大约工作 8 小时，工作愉快；每天休息 8 小时，睡眠 8 小时，而且睡得很好，不会辗转反侧无法入眠。

你不能拥有想要的每一件小东西，如果你有这种想法，那就太荒谬了。你不是小孩子，不能看到什么玩具就想占为己有。你是思想成熟的大人，深深了解生活并不是十全十美的。

重要的是：你真正需要的东西现在都已经有了。你喜欢你自己，对于自己的思想和朋友都很满意，你有生活目标，向着成功之路前进——快乐而满足。

你对生活的态度已经整个改变，不再是防守性的，不再只想逃避敌人。你已经采取攻势，你有足够的信心来迎接生活中的任何挑战，并已经准备好了接受每一次的成功与失败。你觉得自己不会被打败，因为你不会消灭你自己。

每一天都要过得幸福快乐

每一天都有每一天的意义。你不会只枯坐在那儿，想着如何打发时间。如果你有什么烦恼，那这个烦恼应该是一天只有 24 小时，你要做的事情又那么多。

你还年轻，就像不愿上床睡觉的淘气小孩，不愿因为睡觉而错过很多好玩的事。

每种活动都很好玩，每餐都让你满意，每一件事情都有冲击力，每一棵树都很漂亮，每一个目标都能鼓励你。

你希望把喜悦和别人分享，当你使别人的生活获得改善时，你觉得心情愉快。他很感激你的同情与关怀，当你心情不好时，他会尽量帮助你。

这是一出令人振奋的戏——而且很合乎事实真相。愤世嫉俗的人可能批评它过分乐观，只要你有坚强的自我心像，这些都可以实现。生活为什么一定要悲惨而贫穷？也可以很美啊！你的信心可以使生活变得更美。

当然，你并不会时时都觉得自己坚强无比，有些时候也会觉得懦弱，但这并不是什么罪过。懦弱的形式有很多种，其中一种是"弯曲"而有弹性的，其余则会使你崩溃。所以当你觉得懦弱时，不妨"弯曲"一下，然后再重新调整自己。

你若觉得自己很坚强，那么你的生活也将充满活力。你比以往更需要朋友，如此才能把自己奉献给他们。你需要这种奉献感，因为这是你洋溢幸福的证明。如果你无法对别人表现这种奉献感，那你将因为无法表现充分的幸福感而觉得沮丧。

"我祈求你，愿你我之间没有冲突……因为我们是同道。"

你要向你周围的人证明，那就是你的存在，对你的朋友是一种报酬，也是《圣经》这段话的最佳证明。你的友情对他们是一种鼓舞，因为你并不想要打败他们，或和他们竞争；而是只想接受他们，使他们对自己的感觉更好。你和他们互相交谈，而不是以演说家的姿态向他们训话，或把他们当做你的学生。你同情他们所遭遇的困难，对他们的良好品德报以热诚的期望。

你不是自己命运的替补而是主人

这个世界并没有改变多少。大家仍然谈论原子战争，许多人仍然受到虚假神明的摆布，但是你已经改变，而且也已经改变了你的世界。

你不再觉得孤独无助，你觉得自己是命运的主人。你拥有世界上最大的宝藏。当你翻阅早报，发现报上都是令人难过的新闻时，你的愤怒并不会令你失去控制。如果你可以改善情况，例如你可以写封信或参加社区会议——有时候不妨这样做。你一旦已采取能力范围之内的积极行动，就不要再去想它，不要把时间浪费在忧虑上，不要再折磨自己。

你应该去过幸福的生活，订下你自己的目标，获得你想要的成就。

在你有了那种胜利感之后，你将更容易获得成就。这就像某个球队替补球员终于离开了冷板凳，正式上场比赛而获得一场又一场的胜利一样。他想象以往的成就，因而信心十足，当教练的眼光从替补球员身上扫过，想要找一名独撑大局的球员时，他知道哪一个正是他心目中最理想的人选。

不过你要记住：你并不是生活的替补，你一直是一名正式的球员——并不是业余球员。你的才华横溢，你的生活故事足以启发任何人。

你所演出的这场戏，很叫座，落幕时，观众爆出如雷般的掌声。你回到后台，但观众还是不停地鼓掌，要求你出来谢幕。

于是你又走到台上，向观众鞠躬。你是这场戏的主角，也是编剧与导演，因为重新塑造你的生活的正是你自己。我只是在幕后帮忙而已，我只是一个助理，一个道具管理员。

实际的工作由你负责，你认真地从事各项练习，把对你具有特别意义的文章读了一遍又一遍，把全部的精力都放在改善自己的生活上。你就有资格获得全世界的一致赞扬。

观众再度鼓掌叫好。大部分观众都已有欣赏力，而且对你的表现反应热烈，他们十分兴奋地鼓掌，把一波又一波的爱心发送出去，来报答你努力又精彩的演出。

改变并不容易，它需要努力才能达成。你已经有所努力，而且也已经有所改变。你已经消除了友人的疑心，也解除了对自己的轻视。你现在已是一个大人物，这真是了不起的成就。听众了解这种情况，他们热烈鼓掌，直到你再度出来谢幕为止。

这是你生活中最大的成就与胜利。你对自己的自我心像深感满意，用不着把自己隐藏起来。我要向你道贺。

我要送你最后一个愿望：就是在未来的岁月中，你必须继续把自己看成一个很有价值的人——如同现在的你一样。如果你能做到这一点，那将永远幸福快乐。

那些否定自己价值的人最终将失败，即使没有失败，最多也是庸碌地度过一生。

附录

成功训练

 顺利地达到你的目标

爱默生在他所著的《人性》一书中，有一段话提到了我们人类与生俱来的禀赋，他写道：

"天生我才必有用，那就是禀赋。上天为我们每一个人创造了一条充满机会的平坦大道，天生的禀赋则会暗中引导这个人走向这条大道。每个人有如一艘航行在河上的小船；在它驶向广阔无垠的大海途中，天生的禀赋会领着你越过障碍，沿着这条航线航行，因为除了这条航线，其他航线都无法驶向无尽的大海。"

多么充满冲击力的一种想法啊！

爱默生的智慧指出了我们人类未能善用自己禀赋的毛病。

不论你我，皆有禀赋。在爱默生的观察下，道出了只要我们能够发掘它们，并且善加利用，就会更加成功。因为，我们将会发现，你我都可以完美地完成任何一件事。

人类的悲剧之一，就是找不到那条平坦大道。如果能走在这条大道上，便可使你我的禀赋得到充分地发挥，并享受成功的喜悦。为了寻找这条坦途，我们必须运用我们的禀赋来完成这个任务。

到目前为止，你是否已经确立了一个方向？在这个方向上，你是否可以尽情发挥你的禀赋？或者在这个方向上，你是否可以集中你的情感、才略及耐力呢？你是否已经决定如何走完一生？概括起来说，在你的心中，是否有一个人生目标存在？

我来举一个关于人生目标的例子。15年前，我立志要实现一个崭新的人生目标。这个目标是我将在我的余生中，去教导及培养人们的信心。

从那个时候开始，我采用了很多方式来达成我的目标，我也替这个目标定了很多近期目标。我写了很多书，拟定了不少教学课程和计划。我也为一些教会团体、教育机构、商业或政府机构，主持开展了一系列的课程及研讨会。我也设立了一个机构，通过该机构训练师资来主持开展类似的课程。

当你全心全意朝着你的人生目标前进时，那些辅助的近期目标可以视情况加以修改。虽然我的近期目标弹性很大，但从来没有背离过我的人生目标。

我是如何找到这个人生目标的呢？通过观察、寻找以及坦诚的思考，我终于发现了我喜欢的事务，并且心甘情愿地为此奉献我的全部。

在这15年当中，我的生活充满着失意与快乐、阻碍与机会。但无论如何，我绝不会为任何诱惑所软化，让不相干的工作使我偏离目标。

你是否曾经仔细地审视自己，使你达到明确的重要目标呢？

这篇文章的主要目的就是帮助你来找寻这个人生目标。我无法给你保证会有奇迹发生，但我希望它会帮你完成下列几件事：

1. 专注于你某些特别的兴趣。

2. 搜寻出能发挥你才干和兴趣的某些领域。

3. 采取一种富于创造力的思考方式，它可以帮助你选择一个人生的方向。

在我们开始寻找各自的人生目标之前，我要再强调一次，成功的关键在于你能选择那些你擅长、喜爱的目标，并且还要对他人有所助益。

训练（一）

找出对你最具意义的活动

自我搜寻的第一步，需要你拿出笔来完成下列的内容：

一、迅速地写出六种最令你刻骨铭心的经历，也就是对你最具意义的事情。

二、然后，用下面表格中的1到6分别代表你刚才所写出的六种经历。再根据左列的叙述，在与你的经历有关的空格中，画个"√"。

三、你已在上述的表格中做出了记号，哪些经历中，你打了最多的"√"？把它们写下来，写出3~4个。

上面所说的调查是否告诉你某些意义？我想，你应该可以发现，哪一种经历最具意义了吧。

每一个人都有他自己与众不同的兴趣与有意义的经历。也许你的邻居中某些人的价值观与你相同，某些人的却与你正好相反，重要的是这些与众不同的兴趣和令你感到有意义的事必须按照它们的优先次序加以组合排列，才能成为通往你目标的一条顺利平坦的大道。

	1	2	3	4	5	6
赚钱						
求学						
追求物质享受						
做那些自己所擅长的事						
和别人分享喜乐或悲哀						
幸运						
寻找安全感						
和别人有所关联						
随便找个工作做						
责任所需						
他人的认同						
他人的赞同						
做自己所喜欢的事						
做别人所期望的事						
使用体能上的技巧						
和心灵价值有关						
与数字有关的工作						
和机器有关的工作						
一种心灵上的活动						
一种身体上的活动						
更喜欢自己						
激励他人						
爱、浪漫、感情						
家庭活动						
帮助别人						

让我们来看看你现在的一些活动，哪一个对你来说是最重要的？例如，多花点时间与家人相处或者增加你的收入，每天做些运动或者做一次期待已久的旅行。对你来说，最重要的活动就是你愿意花较多的时间优先去做的活动。

训练（二）

为了准确地为你自己制订出一些行事的优先顺序，在你完成下列叙述的同时，好好想一想它对你的意义。

1. 当我在做何事时我最喜欢一个人独处？

2. 我每天大部分的时间都花在哪里？

3. 我在什么时候感觉最轻松？

4. 假如我想抛开那些令我烦恼的问题，我最想做什么？

5. 我大部分的精力都花在哪里？

6. 我大部分的精力都浪费在哪里？

7. 当我觉得疲倦或灰心时，我以什么方式来重振精神？

8. 对我来说，成功的意义是什么？

9. 能够使我觉得更成功的是哪一件事？

10. 我最喜欢我工作的哪一部分？

11. 为了得到我想在生命中所获得的东西，我愿意付出什么代价？

这种自我的检查可以帮助你认清你活动的层次，并帮助你设定行事优先顺序，以达到目标。重要的是你的行事优先顺序要与你设定的目标一致，不然你会遭到挫折的。例如，也许你会下定决心今年要多存一些钱，但是在一个展示会上突然看到一部新的跑车，你就被拥有它的念头迷住了。在生命中这种新插入的优先顺序会使你原来的目标受干扰。

行事优先顺序的层次是非常复杂的，也许你会发现有些很重要的事刚好与其他的事有所冲突。例如，许多商业经理都发觉长时间留在办公室干扰了家庭生活，但是家庭生活的成功与事业的成功是同等重要的，那如何划清这条界限呢？

假如他们可以看到铺在前面的路和他们额外工作所换来的升迁机会，也许就不会那么沮丧了。换句话说，关于他们行事优先顺序中的矛盾冲突可以这样解决，就是从长期来说，现在所付出的额外工作时间在将来对家庭会有极大帮助。

毕竟这个世界上漫无目标的人太多了，只有仔细地检查我们的行事优先顺序，按它的重要性依次排列，才能明智地分配自己的时间，从投资中获得最大的回报。

训练（三）

下面这个练习可以帮助你建立你的行事优先顺序，依次排列。

1. 回顾你在训练（一）所做的一些叙述，问一问你自己，你现在要优先做的是什么，然后再归类。例如，增加收入对你来说是非常重要的事，那你就把它归类在钱的项目下。或者你非常关心如何改进你与家人的关系，那你就把它写在家庭项目下。其他项目也许是爱情、工作、健康、权力或内心的平静。想一想，你觉得对你是很重要的事情就写下来。

2. 现在检视你自己行事优先顺序的种类，把它从 1 到 10 依重要性来分级。

3. 在下列空栏内，将每项活动依重要顺序排列。在每一项下面的空白处写上为了做好这项活动所采取的一次行动，如果可能，也写下它的日期。

优先活动　　　行动和日期

_____

把你的表格看一遍，是不是你所采取的每一个行动都能符合你的要求，帮助你达成目标呢？假如你想将时间更加妥善地运用，也许你会改变一下你的行事优先顺序。